特养技术

轻松致富

马鹿养殖

简单学

◎刘仁寿 苏韦林 主编

U0349662

中国农业科学技术出版社

图书在版编目（CIP）数据

马鹿养殖简单学／刘汇涛，苏伟林主编 . —北京：中国农业科学技术出版社，2015.1

ISBN 978 - 7 - 5116 - 1067 - 6

Ⅰ.①马…　Ⅱ.①刘…②苏…　Ⅲ.①马鹿 - 饲养管理　Ⅳ.①S825

中国版本图书馆 CIP 数据核字（2014）第 306619 号

责任编辑	朱　绯　穆玉红
责任校对	贾晓红

出 版 者	中国农业科学技术出版社
	北京市中关村南大街 12 号　邮编：100081
电　　话	（010）82106626（编辑室）　　（010）82109704（发行部）
	（010）82109709（读者服务部）
传　　真	（010）82106626
网　　址	http://www.castp.cn
经 销 者	各地新华书店
印 刷 者	北京富泰印刷有限责任公司
开　　本	850mm ×1 168mm　1/32
印　　张	5.125
字　　数	133 千字
版　　次	2015 年 1 月第 1 版　2015 年 1 月第 1 次印刷
定　　价	16.80 元

《马鹿养殖简单学》编委会

主　编：刘汇涛　苏伟林

副主编：于　淼　刘华森　敬斌宇

编　者（按姓氏笔画排列）：

宁浩然　冯云阁　邢秀梅

朱洪伟　华兴光　华兴耀

刘艳环　杨　颖　李一清

李彩虹　吴　琼　郑军军

荣　敏　耿业业　徐佳萍

高志光　唐福全　涂剑锋

崔学哲　鞠　妍

目　　录

第一章 马鹿养殖投入轻松算

一、马鹿养殖场建设

（一）场址选择

鹿场场址的选择，是鹿场建设的第一步。选择场址应以自然环境条件适合于马鹿的生物学特性为宗旨。场址选择、场区布局及鹿舍建筑是否合理，不仅关系到鹿群的健康，对鹿场的发展和经营管理的改善也具有重要影响。

场址的选择有以下条件需要进行考虑。

1. 水源

水源条件建场前要对场内的地下水位、自然水源、水量和水质进行必要的勘测和调查，并对水进行理化和生物学检验，掌握水中无机盐的含量。井水或泉水的水量应以枯水期能满足生产和生活用水的需要为标准。江河等地上水源因流经的环境复杂，已被污染，应避免使用。

2. 地形、地势和土壤条件

如果在平原，应选在地势高燥、向南或偏向东南、背风向阳、沙质或沙石土且排水良好的地方建场；如果在草原，要选择地势高、干燥、水源充足的地方建场，为缓解西北风侵袭，在鹿场西北方向需营造防护林带作屏障；如果江河沿岸建场，场区最低点必须高于江河的最高水位线，不要建在水库下方，以免受洪水的危害；需要注意的是山区建场要选在不受山水威胁、背风向阳、排水良好的地方。

3. 鹿场周围环境条件

鹿场的场址不应选在工矿区和公共设施附近；不要在被牛羊传染病污染过的地方或畜牧场旧址上建场。鹿群要有单独的放牧场和草场，不要与牛羊混合放牧。鹿场要建在当地居民区的下风向、下水向3千米以上的地方，避免各种复杂环境对鹿群造成惊扰或发生传染疾病。此外还要注意场址附近的资源条件，如建材是否方便、劳动力是否充足等。

4. 饲料来源

具有充足饲料的基地是发展养鹿的基础条件，因此，鹿场附近的饲料来源如何是能否建场的首要条件。鹿场最好有足够的饲料地或者有可靠地供应各种饲料的基地。在建场之前，必须对放牧场植物学和饲料产量进行调查。在山区和半山区建场应具备下列条件：可供砍伐的枝叶和搂取树叶的高龄柞林面积大，适于各季节放牧的疏林地、荒地和草甸和可供采草的次生林、灌木林和草地的面积大且要有充足的可开垦的荒地。草原地区鹿场的饲料基地包括放牧场和充足的采草场，同时要有相当面积的耕地，以满足青贮、多汁饲料和精饲料的供应，应做到耕地、牧场、采草场全面规划和统筹安排。鹿场到放牧场应设有专门的通道，放牧通道不宜穿过农田、住宅区和村屯，以利于保护农田，保证鹿群的健康。按舍饲与放牧相结合的驯养方式，计算平均每年每只茸鹿所需的草场与耕地面积。一般每头马鹿每年需精饲料600千克、粗饲料4 000千克左右。如果进行放牧，每头马鹿需占地1.5公顷左右。

放牧场和采草场面积因各地植被、坡度及鹿的种类、数量等具体情况不同，其载畜量和需草差异很大，应视具体情况而定（图1-1）。

图 1 - 1　马鹿围牧牧场（天山马鹿）

5. 交通与电力条件

建场地点应具有比较便利的交通条件，以距离公路 1.0 ~ 1.5 千米或距离铁路 5.0 ~ 10 千米为宜，便于设备、饲料的供应和产品的运输，便于职工生活，同时距离电源要近，保证充足的电力供应。

总的来说，需要考虑的建场原则有：

（1）首先应从人和鹿的保健角度出发，以建立最佳生产联系和卫生防疫条件。尽可能把场地中最好的地段做管理区和居住区，其次以生产区、病鹿管理区顺序安排。并要考虑好道路规划、绿化设计等。

（2）要做到节约用地，尽量少占或不占耕地。建筑物之间的距离在考虑防疫、通风、光照、排水、防火要求前提下尽量布置紧凑整齐。

（3）规划大型集约化养鹿场时，将各功能区进行合理的配置，防止相互交叉和混乱，同时应当全面考虑废弃物的处理和利用。

（4）根据当地自然地理环境和气候条件，合理利用地形地物。如利用地形地势解决冬季挡风防寒、夏季自然通风、采光、排水。尽可能利用原有的道路、供水、通讯、供电线路和建筑物等，减少资金投入。

（5）保证各功能区有进一步发展和扩建的可能。

（二）鹿场的建筑布局

根据鹿场的经营特点、发展规模和定型饲养只数，结合场地的风向、水向、坡度和饲养卫生要求，应对鹿场的各种建筑物进行合理配置，做到位置适当，朝向正确，距离合理，以保证鹿群的健康发展和生产操作方便。

专业鹿场一般分为养鹿生产区、辅助生产区、经营管理区和职工生活区。养鹿生产区建筑包括鹿舍、精粗饲料库、饲料加工调制室、青贮窖（壕）、鹿茸及其他鹿产品加工室、兽医室及其他副业生产用的建筑。辅助生产区包括农机库、役畜舍等。经营管理区的建筑包括办公室、物资仓库、集体宿舍、食堂、招待所。职工生活区包括家属住宅、卫生所、学校、托儿所、商店等。最好在东西宽广的场地安排鹿场建筑，按住宅区、管理区、辅助区、养鹿区依次由西向东平行排列，或向东北方向交错排列。如果场地南北方向狭长，则应自北向南或向西南方向排列。总之，养鹿生产区应建在下风处，经营管理区应建在上风处。管理区距离养鹿区不少于 200 米，各区内的建筑物之间应保持一定距离，不宜过于密集。通往公路、城镇、农村的主干道路要直通经营管理区，不能先经过养鹿生产区再进入经营管理区，应有直达养鹿生产区的道路，以便于饲料的运输。养鹿生产区内建筑布局：鹿舍在中心，采用多列式。

鹿场的主要设备如下。

1. 粗饲料棚

主要用于贮存干树叶、豆荚皮、铡短的玉米秸、鲜枝叶和杂草等粗饲料。粗饲料棚应建在地势干燥、通风排水良好、地面坚实、利于防火的地方，设有牢固的房盖，严防漏雨。饲料棚举架要高些，以利于车辆直接进出。棚的周围用木杆或砖石筑成，在一端或中间留门。一般棚长30米、宽8米、高5米，可贮存树叶50吨。粉碎机或铡草机可安装于棚内或棚的附近，以便于加工饲草。

2. 精饲料库

贮存精饲料的仓库应干燥、通风、防鼠，仓库内设有存放豆饼、豆粕、麦麸、大豆和各种谷物的贮位，以及放置盐和骨粉、特殊添加剂的隔仓或固定小间。饲料库每间面积约100~200平方米，间数视饲养规模而定。

3. 饲料加工室和调料室

饲料加工室应设在精饲料库附近和调料室之间。室内为水泥地面，设有豆饼粉碎机、小地中衡等饲料加工设备。调料室要作到保温、通风、防鼠、防蝇。室内为水泥地面，有自来水供应，主要设备有：泡料槽、料池、盐池、骨粉池、锅灶、豆浆机等。

4. 青贮窖和饲草存放场

青贮窖是用来贮存青绿多汁饲料的基础设备。青贮窖有长形、圆形、方形；半地下式、地下式、塔式等多种。以长形半地下式的永久窖较为常见。窖内壁用石头砌成，水泥抹面，其大小主要根据鹿群规模而定。容量则取决于青贮饲料的种类和压实程度。饲料存放场主要是贮存秋冬春三季用的粗饲料。存放的粗饲料要垛成堆，垛周围用土墙或以简易木栅围起，用砖围墙更好。严防火灾和畜生糟蹋污染。树叶可以打包成垛放，玉米秸不干又逢连阴雨时，不要堆成垛，码成堆即可。青贮玉米秸压实后，每立方米重 500~600 千克。

5. 机械设备

鹿场常用的机械设备有：汽车、拖拉机或链轨拖拉机、豆饼粉碎机、磨浆机、玉米粉碎机、大豆冷轧机、青饲料粉碎机、青贮或青绿饲料粉碎机、块根饲料洗涤切片机、潜水泵、5~10 吨地中衡、真空泵、鼓风机、电烘箱、冰柜、烫茸机、电扇、鹿茸切片机、电动机等。

6. 鹿茸加工室

鹿茸加工室包括炸茸室和风干室。一般设在地势高、干燥、通风良好、距离鹿舍较近的地方。应备有安全设施，除加工鹿茸（图 1-2）外，鹿的副产品加工也在这里进行。

图 1-2 马鹿茸

7. 鹿茸风干室

鹿茸风干室是用于风干鹿茸的场所。为取送鹿茸方便，风干室应直通炸茸室。为了免受炸茸室烟熏火烤与蒸气之害，风干室应设在炸茸室的上风处。风干室内要求干燥、通风，备有防蚊、蝇等设施，四周装有宽大窗户，室内设置存鹿茸的台案和挂茸的吊钩，有条件的鹿场，最好再增设防盗报警设备。当前，大多数鹿场建有加工楼，第一层楼作炸茸室，第二层楼作风干室，这样通风问题就解决了。

(三) 鹿场生产区主要场所

1. 鹿舍

鹿舍是养鹿场的主要生产建筑，其作用是保证鹿集群，防止逃跑，冬季躲避严寒风雪，夏季遮蔽炎日风雨，是鹿完成正常生产活动的场所。鹿舍的设计和建筑要符合鹿的生物学特性和生长发育的需要。鹿舍分为公鹿舍、母鹿舍、育成公鹿舍、育成母鹿舍、仔鹿舍和病鹿舍等。鹿舍建筑包括圈舍、寝床、运动场、围栏、产圈、保定圈等（图 1-3）。鹿舍及其运动场的建筑面积因鹿的种类、性别、年龄、饲养方式、地区、经营管理体制、种用价值和生产性能的不同而各异。

图 1-3　马鹿圈舍围墙、围栏与饲槽（阿尔泰马鹿）

例如，马鹿体型大，占用面积要比梅花鹿大；母鹿舍在配种期要进入种公鹿，母鹿在哺乳期与仔鹿在同一个圈舍，且圈舍设有产房、仔鹿保护栏等，所以妊娠母鹿的圈舍应大些；舍饲与放牧相结合的鹿群占用面积可小些；种用价值高和生产性能高的壮龄公鹿，应单独用大圈或小圈；光照强、风雪大、寒冷的地方，其棚舍宽度要加大；个体养鹿户的鹿舍面积可小些，但配种圈应保证有足够大的运动场。近年来，鹿舍的建筑面积比过去明显增大，其棚舍长14～20米、宽5～6米；运动场长25～30米、宽14～20米。马鹿的棚舍场长20米、宽5～6米，运动场长30～35米、宽20米，每舍可养公马鹿10～15只，或母马鹿15～20只，或育成期马鹿20～30只。

鹿舍的光照应充足，一般为三壁式砖瓦结构的敞门棚舍，"人"字形房盖，前面无墙壁，仅有圆形水泥柱，前房檐距离地面2.1～2.2米，能保证阳光直射到舍内，有利于保证舍内干燥卫生。后檐距地面1.8米左右，棚舍后墙留有高窗，大小与形状因地而宜，要有窗扇并安装铁栅栏，冬季关上，春、夏、秋季打开，保持棚舍通风良好，气温恒定，易于排除污浊的空气。

鹿舍的围墙外墙基深1.6～1.8米、宽60厘米。马鹿舍外墙高度为2.3～2.4米，墙厚应为37厘米，一砌到顶，不要砌花墙。有些鹿场的围墙是用木杆围成，但必须坚固，以防被大风刮倒。

2. 运动场

运动场用平砖、卧砖或混凝土铺实，保证坚实耐用、地面平整，便于排水和清扫。其缺点是易损伤鹿蹄，夏热冬凉，对鹿的健康有一定影响，有的运动场采用带有斜坡的沙地，可克服砖地损伤鹿蹄等缺点（图1-4）。

3. 寝床

寝床用砖铺地，再铺垫20～30厘米厚的黏土或砂砾三合土

图1-4　马鹿圈舍与运动场

夯实。保证坚实、干燥、排水良好，有利于清除粪便，不影响鹿的四肢发育。

4. 供水设备

水井位于鹿舍、调料室附近地势较高处。建大型贮水池（塔），配置潜水泵，通过管道向鹿舍和调料间送水。

5. 饮水槽

为保证鹿群在冬季能饮到温水，需用铁板焊成长200厘米、宽60厘米、深35厘米的长方形水槽或将印铁锅固定在炉灶上，冬季可在鹿舍内加热温水供鹿饮用，保证饮用水不上冻。春、夏、秋季使用的水槽可用石槽、水泥槽或铁槽，应设在鹿场运动场前壁下方，便于上水。水槽上缘距地面80厘米左右。为了节省材料，也可将水槽置于两个圈舍之间供相邻两舍鹿群饮用。在水槽上口处的围墙一侧留入水口，以便于饲养员在走廊注水。鹿舍内的炉灶一定要坚固，以防公鹿破坏。炉灶烟囱高1.2~1.5米，灶门能关闭。

6. 料槽

料槽可用石槽、水泥槽或木槽。水泥槽沉重、坚固，且安全耐用，但在制作时内壁一定要抹光滑，并在槽头留一个排水口，以便于清扫洗刷（图1-5）。采用木槽时，安装要牢固。料槽最好安放在前墙钢筋栅栏的下方或纵向固定在运动场中间，不宜放在棚舍内。一般料槽4～5米、上口宽60～80厘米，底为圆弧形，深25～30厘米，料槽底部距离地面30～40厘米，这样的料槽可喂成年鹿10～15只，幼鹿20～30只。

图1-5 马鹿圈舍围栏与料槽（塔河马鹿）

7. 排水

排水主要排除剩余饮用水、卫生用水、聚积的雨水和粪尿污水等。由圈外到走廊，再从走廊到运动场，最后到鹿舍（寝床），应逐渐加高，具有3°～5°的坡度，以便污水和粪尿能通畅排出舍外，汇入墙外地下排水渠，最后汇集于蓄粪池中。在各栋走廊里最好设有用砖砌成并加盖的通往蓄粪池的排水沟。为了保证舍内地面平整，地面要铺砖。地下水位高、易翻浆的地方最好铺上预制的水泥板，或用白灰、黏土和沙砾混合成三合土夯实地面。

8. 走廊

在每排鹿舍运动场前壁墙外设有3～4米宽的通道，供鹿出

牧、归牧及饲养员运送饲料和拨鹿用，也是防止跑鹿、保证安全
生产的防护设备。前栋鹿舍的后壁墙为后栋鹿舍走廊的外墙，每
个走廊两端设有 2.5 米宽的大门。

9. 腰隔

在母鹿舍和大部分公鹿舍寝床前 2 ~ 3 米处的运动场上，常
设一道活动的木栅栏，或筑有花砖墙，平时敞开，拨鹿时将栅栏
两侧或中间的门关闭，与运动场隔开，这样，圈棚间和运动场间
形成两条拨鹿通道，在腰隔的一边留门，供舍内外拨鹿用。

10. 圈门

鹿舍前圈门设在前墙一侧或中间，宽 1.5 ~ 1.7 米、高
1.8 ~ 2.0 米。运动场之间的腰隔门距离运动场前墙约 5 米。圈
棚间的门设在中间或前 1/3 处，宽 1.3 ~ 1.5 米、高 1.8 米。每
栋鹿舍的每 2 ~ 3 个圈留有 1 个后门通往后走廊，也有圈圈都留
后门的，以便于拨鹿和管理。门用钢筋骨架铁皮制作，1.5 米以
下封严，1.5 米以上留有观察孔。

11. 产圈

供母鹿产仔和对初生仔鹿进行护理的圈舍，平时也可以用来
饲养和管理老弱鹿。最好把产圈建在鹿舍中较僻静、平时鹿又好
集散的一角。产圈为面积 9 ~ 12 平方米的木制小圈，设有简易的
防雨雪棚顶，棚下有干燥的寝床。产圈以 2 ~ 3 个相连为好，之
间有相通的门，并分别通往两侧的运动场或鹿舍。

12. 仔鹿保护栏

仔鹿保护栏是确保初生仔鹿安全成活的关键设备。通常用高
1.2 ~ 1.3 米、粗 4 ~ 5 厘米的圆木杆或铁筋制成间距 12 ~ 13 厘
米的栅栏，再用 4 ~ 5 根立柱固定于房架上。栅栏距离鹿舍北墙
根 1.4 米，栅栏一端或两端设有小门供人员进出检查护理、治
疗、补饲时用。有条件的鹿场，若能设带棚的栅栏，使保护栏内

较黑暗，可防止大鹿跳进，对保护初生仔鹿的安全效果尤佳。保护栏清扫消毒后，撒上石灰或草木灰，再铺上较厚的柔软洁净的干垫草。

13. 保定设备

鹿场的保定设备包括锯茸保定设备，如吊圈；母鹿难产助产的保定设备，如助产箱；鹿的疾病治疗和人工授精（采精和输精等）的保定设备。

14. 备用圈

供种鹿配种和护理鹿用。

（四）鹿场规模及鹿群组成

我国的鹿场多为饲养 500～1 000 只鹿的中型鹿场，饲养 200～500 只鹿的小型鹿场也不少，而饲养 1 000～3 000 只的大型鹿场较少。近年来，个体养鹿场正在兴起。

鹿场应以养鹿为主，同时应根据当地具体条件适当开展多种经营，如种植饲料玉米、水稻，经营山场用来种植林木、果树和中药材，开发酒厂、药厂等。鹿场的规模大小应根据当地的自然环境、社会经济条件和鹿场本身的具体情况而定。发展中的鹿场以迅速增值扩大鹿群为主，母鹿所占的比例要大一些；定型的鹿场应以不断提高鹿群质量和产茸量为目标，因此，公鹿应占很大比例，繁殖母鹿群要适宜，一般占 25% 左右，以保证鹿群的补充与更新。鹿场要制定发展规划，确定每年鹿群周转计划和生产计划。

通过对吉林省典型国营鹿场现行鹿群结构为基础进行研究，已经确立东北马鹿 1 000 只定型鹿场获得最大经济效益的最佳鹿群结构的数学模型。其鹿群结构如下。

公鹿占 63.4%（其中，仔公鹿占 5.89%、育成公鹿占 5.49%、成年公鹿 52.02%）；母鹿占 36.6%（其中，仔母鹿占

3.86%，1岁育成母鹿占3.26%，2岁母鹿占2.88%，成年母鹿占26.6%）。

（五）鹿场的劳动组织和饲养管理

鹿场由场长主管业务，下设技术科、兽医室、生产队、财务室和副业队。生产队由专职或兼职的队长负责，下辖成年公鹿、成年母鹿、幼鹿等3~4个班组，最好由鹿场核心骨干成员集体承包全部鹿场，并分别承包鹿业技术管理鹿业队及其各班组。饲养管理人员每人承包饲养鹿只定额：马鹿成年公鹿40~60只，成年母鹿50只左右，育成鹿或仔鹿60只左右；饲养承包鹿茸加工的人员，加工砍锯茸在200副架以上的，定额为100副架1人，不足200副架时设2人。个体养殖户的鹿茸多由附近鹿茸加工站（点）负责，按照鹿茸的规格验收、锯茸、加工和代销。养鹿生产队的每名成员，在生产上除了重点做好产茸期拨鹿锯茸、产仔期母仔鹿护理、配种期组织公母鹿配种和看管好所有种鹿之外，主要的日常工作有观察和检查鹿群鹿只、喂饲给水、清扫和检修圈舍及其设备、调教和驯化鹿只、做好各项生产记录和统计报表及落实卫生防疫措施等。

1. 小型马鹿养殖场建设

本书中以存栏500只以下的鹿场为小型鹿场。小型鹿场由于规模相对较小，对于用地和建筑要求并不大，可以根据自己的实际情况对相应设施进行取舍。但一般说来，门卫室、饲料加工室是必备的。

2. 中型马鹿养殖场建设

500~1 000只的鹿场认为是中型鹿场。以养殖500只马鹿的鹿舍布局为例，东西各并列1栋，南北3~4栋，鹿舍坐北朝南，正面朝阳。运动场设在南面或东南面，避开主风方向，保证光照充足。鹿舍各栋之间应有宽敞的走廊，以便于拨鹿和驯化。精料库、粉碎室调料间应衔接，便于饲料加工。青贮窖（壕）、粗饲料棚、干草垛安排在鹿舍的上坡或平行的下风处，以便于取用，也有利于防火及避免粪便污染。粪场的位置应在本区一切建筑物的下风处，与鹿舍距离应在50米以上，以有利于卫生防疫。若圈养放牧时，鹿舍应直通放牧道。

3. 大型马鹿养殖场（图1-6）建设

1 000只以上的鹿场认为是大型鹿场。养鹿生产区、辅助生产区、经营管理区和职工生活区这四个区域是必备的。由于需要足够的人手和物料，物资仓库、集体宿舍、食堂、招待所、家属住宅、卫生所、学校、托儿所、商店等都是必备的。

图1-6　大型马鹿养殖场

二、马鹿的选种

马鹿的选种包括选种和引种。

（一）马鹿选种

马鹿的育种目的是通过遗传改良提高鹿群品质和产品质量，

提高马鹿的种用价值和经济效益。为了更好地完成马鹿的育种工作，首要条件是要做好马鹿的选种。

马鹿的选种是良种繁育的基础，选种主要是把对人类利益最大的性状选出来，然后将该性状保留下来遗传给下一代。所以，种鹿的好坏直接影响着鹿群的质量，影响养殖场的经济利益。品质差的鹿会降低鹿群的质量，使养殖场的经济利益直接受损。相反品质好的鹿则会增强鹿群的质量，提高养殖场的经济收益。种鹿的价值不仅在于种鹿本身产茸质量、数量等的好坏和多少，还关系到其能否生产出优良的后代，所以，在选种时，既要看种鹿的表型性状还要看中其是否具有较好的遗传力，只有具备了这两方面条件才能作为种公鹿。

对马鹿进行选择，可以使整个鹿群的质量得到提高。对于马鹿个体的不断改善，才能逐渐使整个种群的质量从根本上得到提高。引种要选择具有育种资格的信誉好的正规育种场，并且不能只看重种公鹿的挑选而不注重种母鹿的挑选。

马鹿的选种具有两个不同途径，即群体选种和个体选种。

1. 群体选种

通过以下几种方法进行选种。

（1）根据马鹿的谱系进行选择，选择那些父代和祖父代都是优良品种的后代作为备选对象。

（2）根据家系谱系进行选择，主要是根据整个家族的平均评分值作为参考，进行选择，因为家系的平均值基本可以代表家系内各个体的好坏优良。家系平均值高的家系中的个体，其将来的育种能力也必定十分优良，其生产出的后代繁殖力高的概率也较大。反之，家系平均值低的家系中的个体，其育种能力低的可能性较大，产生后代繁殖力低的概率则也较大。

（3）根据同代的同胞资料进行选择，利用同胞兄弟姊妹的评分值的高低来判断该个体性状的好坏，这对于谱系资料不全或不详细的个体而言，是一种有效的方法。根据个体的后代性状进行选种，但此法只适用于公鹿的选种。

（4）种公鹿最好是在鹿茸生长季节进行挑选，此时挑选鹿茸的大小、好坏都一目了然，鹿场应根据本场鹿种的特征特性、类群的生产水平和公路头数，从鹿群中选择高产茸质量好的公鹿作为种用公鹿。种公鹿的产茸量应比本场同年龄公鹿的平均单产量高 $20\% \sim 35\%$ ，在注重产量高的同时还应注重茸的品质是不是也是非常优良的。

2. 个体选种

个体选种主要是根据马鹿个体的表型进行选种，这是选种的最基本的方法，无论是对大型鹿场，还是中型或小型鹿场来说，都是选种的一种有效的途径。尤其对中小型鹿场而言，这是一个能选出好的种鹿的一个重要的方法。因为通过群体选种，可能会有资料错误，或者即便是优良个体也产出性状不好仔鹿的可能性。对于大型鹿场而言，若选错了可以直接进行淘汰，对鹿场的损失相对而言不是太大。但是，对于中小型鹿场来说，由于鹿场规模小，资金不足等情况，若选错种鹿，则对于今后的生产必然造成较大的影响，直接影响鹿场的盈亏。所以，对于中小型鹿场，建议通过个体选种进行选种，个体选种能直接观察马鹿个体的形态特征、产茸性能等。可以根据本鹿场的生产要求和资金储备，合理选择适合本鹿场的鹿，并对其进行引种。

3. 挑选种鹿原则

（1）种公鹿的选择

种鹿的选择上，虽然公鹿和母鹿都需要重视，但是养鹿主要是为了获取鹿茸等鹿副产品，而公鹿是鹿茸的直接生产者，所以公鹿的好坏直接影响着养殖场的经济效益，所以在选种过程中，要特别注意种公鹿的选择（图1-7，图1-8）。

①种公鹿的选择应按照相关标准的要求进行选种。

图 1 - 7　东北马鹿种公鹿

图 1 - 8　东北马鹿种公鹿

②种公鹿应选择年龄在 3 ~ 7 周岁的，个别优良的也可选择 8 ~ 10 岁的作为种鹿，种公鹿不足或者限于养殖场资金问题的，也可以挑选部分 4 周岁的公鹿，要尽量利用种公鹿的配种年限和生产技能，从而获得较多较大的马鹿副产品，同时生产出优良的

后代。

③具有马鹿的典型特征，明显雄性型，轮廓清晰明显，体质健壮，结实、有悍威、精力充沛，体型匀称，生殖器官正常、发育良好，被毛有光泽，毛色遗传具有品种特征，眼大明亮，结构良好，有坚强的骨骼和强健的肌肉；茸粗大，茸型美观对称，分支发育良好。

④种公鹿最好是在鹿茸生长季节进行挑选，此时挑选鹿茸的大小、好坏都一目了然，鹿场应根据本场鹿种的特征特性、类群的生产水平和公路头数，从鹿群中选择高产茸质量好的公鹿作为种用公鹿。种公鹿的产茸量应比本场同年龄公鹿的平均单产量高20%～35%，在注重产量高的同时还应注重茸的品质是不是也是非常优良的，必须选择出鹿茸产量高、质量好公鹿作为种公鹿。

⑤选择种公鹿还要以体尺、体重等作为选择的依据，要看其出生、6月龄、12月龄的重量，每日增加的重量及第一次配种时的重量，还有角基距、胸围、肩高等指标也要作为一定的参考。

⑥挑选种公鹿还要注意鹿的采食能力，一般选取采食能力强的鹿。

⑦种鹿还应性欲旺盛，发情配种早，配种能力强。

⑧挑选种鹿时，最后是挑选谱系清楚的种鹿，不仅种鹿本身优良，其祖辈和子代也应该是优良品种，因为它们的祖代品种好，在一定条件下，其遗传基础也一定比较好，则它们的后代表型也一定会较好，这样有利于保证后代基因优良。

（2）种母鹿的选择

种公鹿虽然重要，但是，种母鹿同样不能忽视，母鹿是子代的直接生产者和哺育者，所以，种母鹿的选择对于后代生产性能的影响是十分重要的。选择优良的母鹿，能提高种群的繁殖力，对于扩大种群的数量和质量是至关重要的。

①种母鹿的选择应符合相关标准的规定。

②母鹿的生产年限原则上一般不应该超过 10 年，所以种母鹿的年龄应该在 3~8 周岁的壮龄母鹿中选择，个别个体或不同品种也可根据实际情况改变种用年限，但对于已经产 7 胎以上的老弱母鹿应该坚决予以淘汰。

③具有本品种体型特征，乳房容积大，乳头匀称，无盲乳，乳房发育良好；繁殖力高，生殖器官正常、发育良好，母性强，性情温顺，泌乳力大，无流产或难产现象。

④体质结实，身体健康。具有良好的繁殖力。对于年老体弱，有病，体型不好或繁殖力差的母鹿坚决不能选择。不管是小型还是大型鹿场都不能图便宜，贪图一时便宜只会得不偿失而造成更大的损失。

（3）后备种鹿的选择

养殖场通常还会引进适宜仔鹿，即优良种鹿哺育的小鹿，由本鹿场饲养长大，预备作为种鹿。后备种鹿必须选择优良公母鹿繁育的后代，且生长发育正常，强壮健康，无疾病，轮廓清晰，四肢发育良好。对于不能自己采食初乳的仔鹿不能进行选择，要严格淘汰。仔鹿的体尺体长体重等要符合正常仔鹿的情况，不能过长过重，也不能过短过轻。

仔公鹿出生后第二年长出初角茸，此时可以根据其生长情况和茸型等初步判定以后鹿茸的生长情况，并可以把这一结果作为早选的一个依据。

选择后备种鹿（图 1-9）的优势在于小鹿在该鹿场长大，适应鹿场的饲养方式和周边环境，更有利于发挥种鹿的作用。小型鹿场尤其可以选用此种方法引种，因为这样可以大大降低前期投入成本，但是，不利的一点是这样在后期投入的饲养成本较大。所以鹿场在选择引种时，既要考虑前期投资，又要考虑后期投入。

对于已经选做后备种鹿的仔鹿，要加强培育和管理，使其能

图1-9　后备马鹿

尽量充分发挥优良的遗传性能。种用价值高的后备种鹿才可利用其进行繁殖，若种用价值较低则要坚决进行淘汰。因为即使是优良的种鹿也不一定产生的后代就一定优良，后代品质的好坏不仅取决于双亲的品质，还取决于多方面因素。

种公鹿群数量应不低于成年公鹿群的5%。在育成公鹿中选择优良个体组成后备种公鹿群，经培育和筛选，作为补充种公鹿群。生产公鹿群一般应占全群数量的65%为宜。

4. 选种注意事项

（1）鹿的产茸多少与品质好坏是选择种鹿时重要的参考性状。但在选择产茸量和品质的同时，应辅以其他性状作为选种时的依据。不能从单一性状考量种鹿的好坏，要从多方面共同进行筛选。因为如果种鹿的繁殖力不好，或患有疾病等情况，即便其这一次的产茸较好，也未必代表其以后的产茸质量和品质也一样好。

对于性状的选择，可以在所选择的多个性状中做以排序，依其顺序进行选择；也可以对要选择的性状做出一个标准，按标准进行选择，对有一个性状不合格的就予以淘汰；还可以综合上述两种方法，根据实际情况进行择优选择，即可以通过不同性状的重要程度，进行综合考量再进行选种。

（2）对于受环境因素较小的性状，例如，体型和外貌特征、茸型、毛色等，可以直接通过马鹿表型进行筛选，这对于我们从鹿群中淘汰不利性状具有较好的优势。对于怪角和瞎乳头这类性状，多数是由于有害隐性基因纯合导致的，在选种时，对具有这类性状特征的要坚决予以淘汰，以防止其危害整个种群，使种群都带有该隐性基因，将该性状扩散到整个种群。而对于产茸量、生产能力和繁殖力这类性状，因为从马鹿表型上无法看出来，并且这类性状还会受到环境因素和饲养条件不同等影响，所以，对于这类性状只能通过在实践生产中的记录中分析得到相应的结果，经过统计分析，可以初步得出马鹿的一般遗传规律和遗传力的稳定性等，然后通过统计分析得到的结果，对马鹿进行择优选种。

（3）选种工作进行前，一定要做出适合自己养殖场的选种方案，包括选种标准，选种个数、选种方法、资金额度等。选种方案确定下来后，就不可随意更改，尤其是不能因贪便宜而降低选种标准，除非选种方案存在严重错误时才能进行改变，否则在选种前所做的工作即失去了它的意义。

（4）在选种前，在仔鹿期间就可以开始对种鹿的选择，一方面可以选出后备种鹿，另一方面则是在早期发现影响产茸量的性状。早选也是为了通过其父代和同胞的性状分析其是否优良，以便尽早的确定种鹿，提高种鹿利用年限。有资料显示，一般鹿出生后体重大，育成后体貌特征好、健康无疾病、椎茸重量大的幼鹿，其日后的产茸量一般都比较高。所以，也可以通过这些性状特征，在早期对马鹿种鹿进行筛选。

（5）目前在鹿选种过程中，还可以通过测定一些生化指标，如线粒体含量、不同激素的含量等，以确定鹿的优良与否。还有用分子生物学技术从遗传物质的水平进行选种，此法必然能较准确的选出优良品种，但是，由于此方法技术和实验方案尚不成熟，且人们对此法的也还不能完全接受和信任，所以该方法在生产实践中还没有得到普及应用。

（6）在选种时，要注意保持和发展本养殖场原有的优点，同时注意克服原有的缺点。但是，这是一项长期的育种工作，不能操之过急，要稳步的按照选种依据，选择一系列适合本养殖场的选种方案，逐步改进种群的特征。

（7）选种还要与选配结合起来，对于近亲繁殖比较严重的种群，特别容易出现体质下降、生产能力降低等情况。所以，在选种时，要严格控制近亲繁殖，使选种和选配相互促进、相互补充。

（8）选种固然重要，但是选育则要建立在良好的培育和饲养管理条件下。如果没有良好的饲养管理条件，就算是最好的种鹿，也不能发挥其种鹿的优良生产机能，无法体现它的优势所在，甚至其优良特性还有可能会退化。这样的话，即便是选出再好的鹿，也达不到较好的选育结果。

（9）在选种工作时，要走出鹿茸产量高就是优良品种这一误区，鹿茸产量高只是优良品种的一个表现性状，鹿茸产量高的鹿并不一定是优良品种。选种时，要结合家谱、经济性状、外貌特征、生产性能和繁殖性能等进行选种。

（10）选种时，即使是高产的优良品种，若没有好的饲养管理条件也是不行的，赵世臻发表文章曾提到，鹿的高产基因占35%～40%，环境条件占60%～75%，只有良种良法同时具备才能高产。

（二）马鹿的引种

在选种过程中，有的养殖场也从外地或国外将优良品种的鹿引入自己的养殖场。可以引进个体或引进一个品种群，直接将其推广并作为养殖场育种的种鹿，也可以用种鹿的精液或受精卵。

但是外来引种，当引入到一个新环境下时，种鹿由于各方面都发生改变，容易造成马鹿对新环境条件和饲养管理条件的不适应。在这种情况下，就需要人为的将其再驯化，使其在新环境下能够正常的生产、繁殖和正常的生长发育，并且能保证其原有的优良性状。对于新引进的鹿的驯化途径，一般有两种：一是引进的个体进入新环境中，马上能适应新的环境，直接能融入到鹿群中，这种个体如果规范的对其进行饲养，则其后代在生长发育过程中也会越来越适应新环境，最终均融入大的种群中去。二是引入的个体对新环境产生了一系列不适应的反应，这种情况发生时，要尽量使其生活环境和饲养条件与其引入前的养殖场保持一致，对其饲养也要格外细心，时刻注意观察它的情况变化，然后做出合理措施，对于其后代的调节，可以通过与本养殖场的种鹿进行交配的方法，淘汰不适应的仔鹿，保留适应的仔鹿，然后经过不断的繁育使其能适应新环境而又能保持原有的有利性状，最终也融入到新的种群中。

尽管引入外来物种对于养殖场内鹿群的繁育具有比较重要的作用，但是由于需要其对新的环境进行逐步的适应，所以，在引种时还要注意以下几个方面。

（1）要考虑引入的鹿种或个体对当地的环境条件等的适应程度，能否人为较好地对其进行驯化，然后再进行引种。

（2）要特别注意必须选择种群中的优良个体，保证没有遗传疾病和不良特征，体质差、生产水平低和繁殖力差等的不正常的鹿不能引入。在引种时，可以参考选种的条件进行引种。引入多个个体时，要避免所引进的个体间有亲缘关系。

（3）如果将温暖地区的鹿引入到寒冷地区，则应在夏季进行引种。若是将寒冷地区的鹿引入到温暖地区，则应在冬季进行引种，这样有利于鹿对新环境的适应。

（4）最重要的一点就是做好鹿的防疫工作，防止将疾病带入本养殖场内。检出有病的鹿，坚决不能让其进入养殖场内，否则必然造成巨大的经济损失。所引鹿应该经过检疫无结核、无布鲁氏杆菌病、无坏死杆菌病等疾病。

（5）要注意原有品种优良特性的保持，并注意克服原有的缺点和不足。这是一项长期的育种工作，不能操之过急，也不能盲目引入新品种。

（6）应以仔鹿和育成鹿为主，这样驯养能顺利，生产和种用年限也较长，投入少回本快。

对于新引进的种鹿，重点要做好饲养工作，由于每个鹿场的饲料都各有不同，所以在更换新场饲料时，要逐步进行，以便马鹿对新饲料有个适应的过程，避免直接换料造成消化不良、厌食等情况的发生。换料后也要保证饲料的营养水平保持不变，以免因降低营养水平而导致的产茸量下降或产仔率降低等情况的发生。

第二章　熟悉马鹿小习惯

马鹿是大型鹿类，体长 180 厘米左右，肩高 110～130 厘米，成年雄性体重约 200 千克，雌性约 150 千克。雄性有角，一般分为 6 叉。因为体形似骏马而得名，身体呈深褐色。夏毛较短，没有绒毛，背面较深，腹面较浅，有"赤鹿"之称（图 2-1，图 2-2）。马鹿生活于高山森林或草原地区，喜欢群居。夏季多在夜间和清晨活动，冬季多在白天活动。善于奔跑和游泳。9～10 月发情交配，孕期 8 个多月，每胎 1 仔。马鹿分布于亚洲、欧洲、北美洲和北非。在中国分布于新疆、青海、黑龙江、吉林、内蒙古等地。我国人工饲养的主要是新疆马鹿和东北马鹿。马鹿具有爱清洁、喜安静、感觉敏锐、善于奔跑等特性，是在漫长的自然进化过程中形成的，这主要取决于环境条件、食物、气候、敌害等影响。

野生马鹿由于季节不同，选择的地理环境不同，马鹿的生活环境一般都靠近水源，在选择生活环境的过程中，水源与隐蔽是必不可少的两个要素。马鹿特别喜欢灌木丛、草地等环境，这些环境不仅仅有利于进行隐蔽，并且食物资源十分的丰富。但是，如果马鹿的生活环境十分的恶劣，食物十分的缺乏，马鹿也能够在荒漠、芦苇草地等环境中生存。马鹿一般都是在白天进行活动，在黎明前后的这段时间活动十分的密集。马鹿平常都是单独或是结成小队出去寻找食物，群体成员主要是雌鹿与幼崽，雄性成年的马鹿一般上是单独进行生活。马鹿在自然界中的天敌很多，例如：熊、豹、豺、狼、猞猁等猛兽，所以，其具备十分敏捷的感官与飞快的奔跑速度，马鹿的听觉与嗅觉十分灵敏，体型

图 2-1　生茸期塔河马鹿（公鹿）

图 2-2　塔河马鹿（母鹿）

十分的强壮，有坚硬的巨角作为作战时的武器，也能同一些大型的猛兽进行搏斗。

马鹿的生活习性有五大特点。

　　①白天活动，母鹿 3~5 头成群，公鹿平时独居，繁殖季节也和母鹿群居在一起。

　　②行动非常敏捷，嗅觉、听觉发达，但视力相对较差。

　　③善奔跑，喜跳跃，好安静，怕惊吓。

　　④以草为食，夏秋采食禾本科植物嫩枝、芽，冬春采食各种灌木枝条、叶片。

　　⑤适应性强，各地均可驯化饲养，零下 40℃ 亦可正常生活。炎热夏天的中午，它们有的在浓密的针叶树下，有的则爬到山顶迎风处，甚至雪线附近休息，以躲避讨厌的蚊蝇。

一、马鹿的食性

　　马鹿属大型食草反刍动物，以禾本科牧草、乔灌木枝叶、小杨树皮、菌类、藻类、苔藓及一些药用植物为食，定时到河边或湖边饮水。喜欢舔食盐碱。

　　马鹿（图 2-3）对食物的质量要求较高，采食植物饲料时肯有选择性。选择植物饲料的主要特点是鲜和嫩。各季节中萌发的嫩草和嫩枝、乔灌木的嫩枝芽，是鹿采食的主要饲料，在食物相当匮乏时，才采食植物的茎干及粗糙部分。在喂食干草时也只采食叶，很少采食粗糙的茎秆。所以，有人认为，鹿是精食动物。家养马鹿饲喂秸秆、落叶等，因营养不足，补饲多量的精料，使鹿脂肪沉积变得肥胖，体质与野鹿也有所不同。

二、马鹿的群居性

　　马鹿的群居性是重要生活习性。这是在自然界生存竞争中形成的，有利于防御敌害，寻找食物和隐蔽。鹿的群体大小，取决于环境条件、饲料条件和繁殖情况，马鹿平常都是单独或是结成

图 2 - 3　食用苜蓿的塔河马鹿

小队出去寻找食物，群体成员主要是雌鹿与幼崽。

　　马鹿是群居动物，雌鹿旁边经常会伴有 3～5 只的幼鹿，多时可以达到 10 只左右，但是，雄鹿常常是单独活动，有时候也会三五成群，在雄鹿发情的时期，就会加入到雌鹿的队伍中。马鹿通常几头或十几头结成一个鹿群。食物丰富，环境安静，群体相对大些；反之则小。马鹿夏季多数是母鹿带领仔鹿群体一起活动，一群几头或十几头，繁殖季节 1～2 头公鹿带领十几头母鹿和幼鹿，活动区域较为固定。当鹿群遇到敌害时，哨鹿高声鸣叫，尾毛炸开飞奔而去。炸开的尾毛如同白团，非常醒目，起信号作用。有人认为，尾腺分泌激素起信息作用。

　　家养鹿和放牧鹿仍然保留着集群活动的特点。一旦单独饲养和离群时则表现胆怯和不安。因此，放牧时如有鹿离群，不要穷追，可稍微等待，便会自动回群。

三、马鹿的防卫性

鹿在自然界生存竞争中是弱者，是肉食动物的捕食对象，也是人类猎取的重要目标。它本身缺乏御敌的武器，逃避敌害的唯一办法就是逃跑。所以，鹿奔跑速度快，跳跃能力强，而且听觉、视觉、嗅觉器官发达，反应灵敏，警觉性高，行动小心谨慎，一遇敌害纷纷逃遁。这是一种保护性反应，是自身防卫的表现，也就是人们常说的"野性"。

马鹿在家养条件下，虽然经过多年驯化，这种野生性并没有彻底根除，如不让人接近，遇见异声、异物惊恐万分，产仔时扒、咬仔鹿，对人攻击等。这对组织生产十分不利，由此造成的伤亡，损伤鹿茸等事故时有发生，经济损失很大。因此，加强鹿的驯化，消弱野性，方便生产，仍是养鹿生产实践中的一项迫切任务。

当遇到敌害袭击时，雄鹿便挺身而出，让仔鹿和母鹿先逃，自己断后保护。发情期间雄鹿之间的争偶格斗也很激烈，几乎日夜争斗不休，但在格斗中，通常弱者在招架不住时并不坚持到底，而是败退了事，强者也不追赶，只有双方势均力敌时，才会使一方或双方的角被折断，甚至造成严重致命的创伤。取胜的雄鹿可以占有多只雌鹿。

雄鹿有坚硬的巨角作为作战时的武器，也能同一些大型的猛兽进行搏斗。有些雄鹿在发情季节具有主动攻击性，在饲养实践中应该注意安全。

四、马鹿的适应性

适应性生物对环境的适应能力。一是指过程，即生物不断改变自己，使其能适应于某一环境中生活；二是指结果，即有利于生物生存繁殖的种种特征。

马鹿的适应性很强，在世界上分布很广，欧洲南部和中部、北美洲、非洲北部、亚洲的俄罗斯东部、蒙古、朝鲜和喜马拉雅山地区，在我国分布于黑龙江、辽宁、内蒙古呼和浩特、宁夏贺兰山、北京、山西忻州、甘肃临潭、西藏、四川、青海、新疆等地。

马鹿的可塑性很大，利用可塑性可改造野性。马鹿的驯化放牧就是利用这一特性，通过食物引诱、各种音响异物反复刺激和呼唤等影响，建立良性条件反射，使见人惊恐的鹿达到任人驱赶、听人呼唤的目的。这种驯化工作，在幼年时进行比成年效果好，如幼鹿经过人工哺育驯化，则与人共处如同牛羊。说明幼鹿比成鹿可塑性大。在养鹿生产实践中，应当充分利用这一特性，加强对鹿的驯化调教，给生产带来更多的方便与安全。

第三章　马鹿每天吃什么

　　饲料是发展养鹿业的物质基础，鹿所需的各种营养物质均来源于所食饲料。鹿属草食类反刍动物，具有发达的瘤胃及大肠，食性广，消化性强，耐粗饲，野生鹿可采食 400 多种饲料，家养马鹿的饲料总体上可概括为精饲料、粗饲料、动物性饲料、添加类饲料和全混合日粮等。

一、马鹿精饲料的配制及饲喂方法

　　精饲料体积小，营养物质含量高，粗纤维含量低，适口性强，消化率高，但成本较高，每千克精饲料所含可消化的营养物质在 0.5 千克以上，其消化率对于成年马鹿一般为 73.93% ~ 95.62%，所含粗纤维不超过 18%。精饲料所含水分较少，一般不超过 20%。此类饲料一般称为生理酸性饲料。精饲料是鹿生茸、怀孕、泌乳及幼鹿生长不可缺少的补充料，鹿的日需营养主要从精饲料中获得。各饲养场可依据自己鹿群的种类、性别、生产性能、生产期、季节粗饲料品质和数量的实际情况，适当搭配精饲料，运用科学的调制方法，制成较全价的混合精料，满足鹿机体对各种营养成分的需要。精饲料包括禾本科籽实（能量饲料）、豆科籽实（蛋白质饲料）及工业加工副产品。禾本科籽实饲料指的是在干物质中粗纤维含量低于 6%、粗蛋白含量低于 20% 的谷实类、糠麸类等，一般每千克饲料干物质中含消化能 10.45 兆焦以上。此类饲料属高能饲料。豆类与油料作物籽实及其加工副产品也具有能量饲料的特征，但由于蛋白质含量高，故列为蛋白质饲料。蛋白质饲料是指干物质中粗纤维含量低于6%，同时粗蛋白质含量在20%以上的饼粕类饲料、豆科籽实及一些加工副产品。此外精饲料还包括一些微量的动物性饲料和特殊添加剂。

（一）精饲料原料种类

籽实饲料包括：禾本科籽实如玉米、高粱、小麦、燕麦、大麦、小米、大黄米、青稞等；豆科籽实如黄豆、小豆、竹豆、磨石豆、蚕豆、豌豆、菜豆及木本科籽实（如橡实）等。

工业副产品包括：饼类（豆饼、豆粕、棉籽饼、葵花饼、花生饼）；糠麸类（麦麸、稻糠、谷糠、玉米糠、高粱糠、花生壳）；

糟渣类（甜菜渣、酱渣、豆腐渣、粉渣、酒糟等）。

动物性饲料：鱼粉、血粉和羽毛粉、奶粉、蛋类。

微生物类饲料：饲料酵母、纸浆酵母、酒精酵母、石油酵母、纤维素酶及糖化饲料。

特殊添加剂：生长素、加硒维生素、多种维生素、尿素、增茸灵、小苏打、蛋氨酸添加剂等。

（二）几种常用精饲料原料的特点及其饲喂方法

1. 玉米

玉米是马鹿的基础饲料之一，能量含量高，来源最为广泛，其中，以黄玉米的营养价值最高。玉米主要具备以下特点。

（1）粗纤维含量低，仅为2%，而无氮浸出物高达72%。玉米的无氮浸出物主要是容易消化的淀粉。马鹿对玉米中无氮浸出物的消化率可达90%。

（2）粗脂肪含量达3.5%～4.5%，是小麦和大麦的2倍，亚油酸含量达2%，高于其他谷实类原料，因此，玉米的可利用能较高,玉米喂鹿的可消化能为 13.42 兆焦/千克,代谢能为 12.25 兆焦/千克。

(3)蛋白含量较低,约为 8.6%,低于麦类的蛋白质含量,并且缺乏赖氨酸、蛋氨酸和色氨酸。胡萝卜素和维生素 D 的含量也较低,生产中应将玉米与其他饲料搭配使用,避免营养缺乏。

(4)钙含量缺乏,所以在玉米作为主要能量饲料时,应注意补充钙。

(5)容易霉败产生黄曲霉毒素,从而引起鹿中毒,应注意妥善贮存玉米原料。

2. 高粱

高粱也是重要的能量饲料,去壳高粱与玉米一样,主要成分为淀粉,粗纤维少,易消化,蛋白质含量少(稍高于玉米,为 8.0% ~ 9.05%)、质量差、适口性不如玉米。但高粱胡萝卜素及维生素 D 的含量较少,B 族维生素含量与玉米相当,烟酸含量少。高粱中含单宁,有苦味,鹿不爱吃。单宁主要存在于高粱籽实的外壳中,颜色越深,含量越高。带壳高粱籽实在鹿饲料中可以加到 20% 左右,但去壳后可加到 50% ~ 60%,生产中使用量最好不超过 5%。在仔鹿补饲的饲料中加一定量的高粱,可防止仔鹿腹泻。高粱用作鹿的饲料,一般粉碎后喂给,整喂时消化率低。

3. 大麦

大麦也是一种重要的能量饲料,其能量含量虽然比玉米和高粱低,粗脂肪含量不及玉米的一半(低于 2%),但粗蛋白质含量较高(10.8%),质量也较好,赖氨酸含量在 0.52% 以上,无氮浸出物含量也高,维生素、矿物质含量也较为丰富,胡萝卜素和维生素 D 不足,核黄素少,硫胺素和烟酸含量丰富。用大麦喂鹿时,只要稍加粉碎即可,粉碎过细会影响适口性,整粒饲喂则不易消化。

4. 麦麸

麦麸主要包括小麦麸和大麦麸，是来源广、数量大的一种能量饲料，其饲用价值一般和米糠相似。大麦麸在能量、蛋白质、粗纤维含量方面都优于小麦麸。麸皮与原粮相比，除无氮浸出物较少外，其他各种营养成分的含量都很高，特别是 B 族维生素含量丰富，含磷量也较高。麦麸适口性好，质地蓬松，有利泻性，是母鹿妊娠后期和哺乳期的良好饲料，但饲喂幼鹿效果稍差。由于麦麸容积大，质地松散，饲喂时加水搅拌或配合青饲料一起饲喂较好。

5. 豆类籽实

豆类籽实是一种优质的蛋白质和能量饲料。豆科籽实蛋白质含量丰富，为 20% ~ 40%，而无氮浸出物较谷实类低，只有28% ~ 62%。

由于豆科籽实有机物中蛋白质含量较谷实类高，故其消化能较高。特别是黄豆和黑豆，含有很多油脂，故它的能量价值甚至超过谷实中的玉米。无机盐、维生素含量与谷实类大致相似，不过维生素 B_2 与维生素 B_1 的含量稍高于谷实。含钙量虽然稍高一些，但钙磷比例不适宜，磷多钙少。豆科饲料在植物性蛋白质饲料中应是最好的，尤其是植物蛋白中最缺乏的限制性氨基酸——赖氨酸的含量较高。蚕豆、豌豆、大豆饼的赖氨酸含量分别为1.80%、1.76% 和 3.09%。但是，豆类蛋白质中最缺乏的是蛋氨酸，其在蚕豆、豌豆和大豆饼中的含量分别为 0.29%、0.34% 和 0.79%。但应注意，豆类饲料含有抗胰蛋白酶、致甲状腺肿大物质、皂素和血凝集素等，会影响豆类饲料的适口性、消化率及动物的一些消化生理过程。但这些物质经适当的热处理（加热100℃、3分钟）后就会失去作用。因此，喂鹿时不能生喂，生产中对此类籽实进行热处理或磨成豆浆煮熟后拌料饲喂，以提高饲料的营养价值、适口性和利用率，其饲养效果显著。

6. 豆饼和豆粕

豆饼和豆粕是养鹿生产中最常用的植物性蛋白质饲料，营养价值很高，而价格又较豆类低廉。蛋白质含量在43%～56%，总能在19～21兆焦/千克，粗脂肪5%、粗纤维6%，大豆粕中赖氨酸、精氨酸、色氨酸、苏氨酸等必需氨基酸含量丰富，含磷较多而钙不足，缺乏胡萝卜素和维生素D，富含核黄素和烟酸。生产中与玉米配合饲喂可相互弥补不足，但同时需注意，玉米豆粕型日粮应添加蛋氨酸。

7. 鱼粉

鱼粉是优质的蛋白质饲料，国产鱼粉有的较好，含蛋白质50%左右，有的质量较差，而进口的秘鲁鱼粉含蛋白质60%左右，味香。鱼粉含磷、维生素及微量元素丰富，尤其含钴及维生素B_2、维生素B_{12}丰富。由于鹿对腥味敏感，开始饲喂时要逐步增加数量，对促进幼鹿生长和公鹿增茸效果明显，一般占产茸公鹿精料量的5%为宜，哺乳和断乳仔鹿应补充5%～10%。

(三) 精饲料调制方法

饲料调制是充分利用饲料的关键措施，其目的在于改进适口性，提高饲料的营养价值、消化率和利用率。调制饲料与食品不同，必须考虑到省时、省力、经济合算。饲料的调制方法，因饲料的种类、利用时期和饲喂对象的不同而不同。精饲料的加工调制包括粉碎、蒸煮、浸泡、磨浆、发酵、糖化或打浆等多种方法。

1. 粉碎、压扁与制粒

大麦、燕麦和水稻等籽实的壳皮坚实，不易透水，玉米、高粱、麦类等谷物饲料，如整粒喂给，因咀嚼不充分，消化液不能渗透到内部，这造成这些原料不易被各种消化酶或微生物作用而整粒随粪排出，造成浪费，尤其老龄鹿，更是如此。因此，饲用前要采取磨碎、压扁或制粒等方法加工调制。磨碎程度应适当，过细形成粉状饲料，其适口性反而变差，在胃肠道里易形成黏性面状物，很难消化。磨得太粗，则达不到粉碎的目的。鹿的饲料粉粒以直径 1～2 毫米为宜。但须注意含脂量高的饲料（如玉米、燕麦等）磨碎后不宜长期保存。制粒是采用机械（如颗粒机）将籽实饲料制成颗粒料。用颗粒饲料便于补饲。在劣质牧场上放牧的茸鹿，可以不用饲槽，就地撒喂。麦麸类饲料制粒后，其营养价值有一定的提高。原因是麦麸中的糊粉层细胞经过制粒过程中的蒸汽处理和压制过程中的压挤后，它的厚实细胞壁破裂，从而使细胞内的养分充分释出。与此同时，制粒后麦麸中的淀粉粒被破坏较多，这有利于淀粉酶对它的消化。

2. 蒸煮和焙炒

蒸煮饲料饲喂鹿的优点是增加香味，可以进一步提高饲料的适口性，对某些饲料如马铃薯、大豆及豌豆等还可以提高消化率，同时可以杀灭细菌、霉菌和害虫，也能杀灭杂草种子。冬季有防止体热放散作用。加热可破坏豆类籽实和饼粕中的有毒成分，实践中一般通过观察饼粕的颜色来判断加热程度是否适宜，加热适度，颜色为黄褐色；加热过度，呈暗褐色；加热不足或生饼粕，颜色呈黄白色。缺点是破坏了维生素，一部分营养随汁液流失，增加了工时和能耗，长期蒸煮会使蛋白质难于消化。焙炒可以使饲料中的淀粉部分转化为糊精而产生香味，用作诱食饲料。

3. 磨浆粥料

磨浆粥是较先进的调制方法，即先将籽实浸泡，然后加水磨成粥状，优点是适口性好，采食量大，消化率高，但需工时，能耗量也大。大豆磨浆应加热喂鹿，或将大豆煮成八分熟喂鹿，都可提高消化率和适口性。或用熟大豆浆拌料喂鹿，每天每只按100～250克大豆所制成的豆浆量分次喂给。这种方法不仅能提高精饲料的适口性和消化率，而且能提高日粮的生物学价值。

4. 湿润与浸泡

湿润法一般用于粉料，浸泡法多用于硬实的籽实或饼粕类饲料的软化，或用于泡去有毒物质。

5. 发芽和糖化

籽实的发芽过程是一个复杂而有质变的过程。大麦发芽后，部分蛋白质分解成氨化物，而糖分、维生素与各种酶增加，纤维素也增加，但无氮浸出物减少。从1千克大麦中含有的有机物质来看，发芽后的总量减少，但是在冬季缺乏青饲料的情况下，为使日粮具有一定的青饲料性质，可以适当地应用发芽饲料。籽实发芽有长芽与短芽之分。长芽（6～8厘米）以供给维生素为主要的目的，短芽则利用其中含有的各种酶，以供制作糖化饲料或促进食欲。

饲料糖化可用加入麦芽或酒曲的方法，或利用各种饲料本身存在的酶来进行。各种籽实中存有各种酶，不过在干燥条件下无活性，如果给饲料以适当的水分并保持适当的温度（60～65℃为糖化酶作用的最佳温度），经2～4小时就可以完成。糖化饲料可增强适口性并提高消化率。

二、马鹿粗饲料的配制及饲喂方法

鹿是常年以粗饲料为主的经济动物，养鹿场在保证鹿只的健康和生产能力的原则下，尽可能投给适量的精饲料，多用多汁青绿及干粗饲料，这既可节省精饲料，降低成本，又不使鹿只的营养过剩，以免降低生产能力，甚至造成季节性伤亡和某些长期慢性疾病。在生产季节鹿粗饲料可占日粮的50%～70%，尤其在生产淡季，主要靠粗饲料生存，但经常供应的粗饲料种类依地区、种类、季节、料源不同而有明显差异。因此，认识粗饲料的种类及营养差异，对开辟新饲料来源、合理搭配是非常必要的。一般来说粗饲料可分为枝叶类、干牧草类、农副产品类、青绿多叶类及块根、块茎类等。其基本特点是体积大、难消化，可利用养分含量低，粗纤维含量高（高于18%）。

（一）粗饲料原料种类及饲喂方法

1. 枝叶饲料

大多数树木的叶子（包括青叶和秋后落叶）及其嫩枝和果实都可用作鹿的饲料，且营养较高。树叶很容易消化，不仅能作鹿的维持饲料，而且可以用作鹿的生产饲料。枝叶虽然是粗饲料，但远远优于秸秆和荚壳类饲料。其营养成分随产地、季节、部位、品种、调制方式而有不同。

一般树叶中含胡萝卜素为110~250毫克/千克。在夏季，树叶饲料的粗蛋白质含量最高，约为36%；秋季以后逐渐降低，至冬季可降至12%。在养鹿业上常用的枝叶饲料主要来自于柞树、胡枝子、椴树、榆树、柳树、桑树、杨树、桦树和果树等，一般嫩叶的干物质中含有15%~20%的粗蛋白质。

落叶是山区、半山区养鹿的主要粗饲料，包括大、小柞树叶、各种果树叶和阔叶类杂树叶等，其中，以小柞树叶用作鹿的饲料最为广泛。东北地区收集柳毛子、杨树、苕条及榛树嫩叶喂鹿，特别是生茸公鹿，效果良好。落叶类饲料多于霜后和早春收取，其可溶性营养物质流失较多，但优质落叶的营养成分仍高于秸秆类，接近于干草类饲料，通常落叶含粗蛋白质10.3%~26.3%、无氮浸出物37.8%~55.7%、粗纤维16.6%~35.2%、无机盐4.9%~10.3%，其中钙多磷少，且缺乏各种维生素。落叶类的饲料含有较多的鞣酸类物质，对非细菌性腹泻有止泻作用，但长期大量饲喂会影响鹿的正常消化机能。

2. 牧草类饲料

牧草是山区、牧区、林区圈养鹿各季节常用的粗饲料，它可分为人工牧草和天然草地干草等。一般是在其未结籽实之前收割下来，经晾干制成。由于干草仍保持部分青绿颜色，故又称青干草。干制青饲料的目的主要是为保存青饲料中的有效养分，并便于随时取用。青饲料晒制后，除维生素 D 增加外，多数营养物质都比青贮饲料损失多。合理调制的干草，其干物质损失量约为 18% ~ 30%。干草的营养价值高低取决于制作原料的植物种类、生长阶段和调制技术。就原料而言，由豆科植物制成的干草含有较多的粗蛋白质。而在能量方面，豆科、禾本科以及谷类作物制成的 3 类干草之间没有显著的差别，其消化能约为 9.61 兆焦/千克左右。但是，优良干草中，可消化粗蛋白质的含量应在 12.0% 以上，消化能在 12.5 兆焦/千克左右。一般常用野干草是碱草、羊胡子草、芨芨草、山地杂草等。人工栽培的牧草有苜蓿、沙打旺、草樨等。

3. 农副产品类饲料

农副产品饲料是农业区及半山区茸鹿秋冬和春季的主要饲料，主要包括作物秸秆和脱壳副产品，统称为秸秕饲料，秸秕是秸秆和秕壳的简称。秸秆主要由茎秆和经过脱粒后剩下的叶子所组成，如玉米秸、豆秸、稻秸、麦秸等。秕壳则是从籽粒上脱落下的屑片和数量有限的小的或破碎的颗粒构成，如大豆荚皮、棉籽壳、稻壳等。此外还有地瓜秧、花生秧等。大多数农业区都有相当数量的秸秕可用作鹿的饲料。秸秆类饲料不仅营养价值低，消化率也低。按全干物质计算，其粗纤维占 28% ~ 48%，无氮浸出物占 40% ~ 50%，粗蛋白质占 3% ~ 8%，维生素的含量很少。秕壳类饲料的营养价值一般高于秸秆类饲料，大豆荚最具有代表性，是一种比较好的粗饲料，其粗纤维含量为 33% ~ 40%，无氮浸出物为 12% ~50%，粗蛋白质为 5% ~10%。对于秸秆饲料，必须晾干垛好，并且现喂现铡，切不可铡后堆放，以防发霉变质。

4. 青绿多汁类饲料

青绿多汁类饲料是鹿生产季节的主要粗饲料，对生茸公鹿、哺乳母鹿、生长发育期幼鹿均有重要意义。

青绿多汁类饲料主要包括天然牧草、人工栽培牧草、叶菜类、根茎类、青绿枝叶、青割玉米、青割大豆等。青饲料水分含量高，约 75% ~90%。因此，青饲料热能含量低，每千克青饲料的消化能仅在 300~600 千焦。由于青饲料具有多汁性和柔嫩性，鹿每天采食量可达 10~15 千克。

青饲料蛋白质含量较高。一般禾本科牧草的粗蛋白质含量为 1.5% ~4.5%，但赖氨酸不足。青饲料干物质中无氮浸出物含量为 40% ~50%，粗纤维不超过 30%。青饲料中维生素含量丰富，特别是胡萝卜素含量较高，每千克饲料中含 50~80 毫克，B 族维生素、维生素 E、维生素 C、维生素 K、烟酸含量较多，但维生素 B_6（吡哆醛）很少，缺乏维生素 D。青饲料种类很多，现介绍几种主要青绿饲料。

（1）紫花苜蓿

为多年生的豆科植物，具有耐寒、耐旱特性，每年可以收割 2~4 次。它是多种动物都喜食的牧草，其总能量、可消化能、代谢能和可消化粗蛋白质均较高。一般每千克优质紫花苜蓿粉相当于 0.5 千克精饲料的营养价值，必需氨基酸含量比玉米高，其赖氨酸含量比玉米多 5.7 倍，并含有多种维生素和微量元素。苜蓿的利用方法可直接放牧，或青割青喂、青割青贮，也可调制干草。鲜紫花苜蓿粗蛋白质含量为 4.0% ~5.5%、粗脂肪 0.5% ~1.2%、粗纤维 6%、无氮浸出物为 8% ~11%、粗灰分为 2.0% ~3.0%。

（2）青刈玉米

是青饲料中较好的饲料。玉米产量高，含丰富的碳水化合物，味甜，适口性好，质地柔软，营养丰富，鹿很喜欢吃。青刈玉米用作鹿饲料，一般是在抽雄穗到乳熟之前这段时间。根据鹿群需要可分期收割，切碎后饲喂。

（3）青刈大豆

青刈大豆茎叶柔嫩，含纤维较少，含蛋白质多、脂肪较少，氨基酸含量丰富，是鹿的优质青刈饲料。

（4）青绿枝叶

青绿枝叶饲料种类很多，但用作鹿饲料的主要有柞树枝叶、柳树枝叶、胡枝子（苕条）等。青绿枝叶饲料富含可消化蛋白质和胡萝卜素，其干物质中粗蛋白质含量为 17.1% ~ 27.4%，无氮浸出物含量为 39.5% ~ 49.2%，而粗纤维含量仅有 9.7% ~ 18.7%。随着生长期的延长，青绿枝叶类营养物质逐渐降低，而粗纤维和鞣酸含量逐渐增长，质量变次。

5. 块根块茎类饲料

这类饲料主要包括胡萝卜、甜菜、南瓜、大葱、大萝卜、菊芋及各种果类。这类饲料适口性好，饲喂前应洗净，大个的应切成小块，单投或拌于粗料中生喂，现喂现做，它们可提高种公鹿、母鹿发情，提高配种能力和仔鹿生长发育，是优质（特别是冬季）补充料。

（1）胡萝卜

胡萝卜是养鹿场秋季、冬季和春季的良好维生素补充饲料。胡萝卜营养丰富，香甜适口，易于消化。胡萝卜含水分 81% ~ 92%、粗蛋白质 1.2% ~ 3.0%、淀粉及糖类 8% ~ 14%，可消化营养物质占 8% ~ 13%。蛋白质含量比其他块根饲料多。胡萝卜中的维生素种类很多，它含有较多的胡萝卜素、维生素 C 及 B 族维生素。胡萝卜营养物质的消化率很高，蛋白质消化率达

73%，脂肪达77%，无氮浸出物高达99%。

（2）饲用甜菜

甜菜作物按其块根中的干物质与糖分含量的多少，可大致分为糖用甜菜和饲用甜菜两种。糖用甜菜含糖多，干物质含量为20%～22%，最高达25%，但产量低。饲用甜菜产量高，但干物质含量低，只有5%～11%，含糖量也低。饲用甜菜是春、秋、冬三季很有价值的多汁饲料，它含有较高的糖分、无机盐类以及维生素等营养物质。其粗纤维含量低，易消化。各类甜菜所含有的无氮浸出物中主要是糖分，但也含有少量的淀粉与果胶物质。由于糖用甜菜含有大量蔗糖，故其块根一般不用作饲料而用于制糖，其副产品甜菜渣可用作鹿的饲料。

（二）粗饲料的加工调制

1. 机械处理

粗饲料通过机械处理可以提高采食量，减少浪费。

（1）切短

切短的目的是利于咀嚼，便于拌料，减少浪费。切短的秸秆，鹿不易挑剔。而且拌入适量糠麸后，可以增强适口性，提高采食量。但不宜切得太短，过短不利于咀嚼和反刍。一般鹿的粗饲料切短至2～3厘米为宜。

（2）磨碎

磨碎的目的是提高粗饲料的消化率。同时磨碎的秸秆在鹿日粮中占有适当比例可以提高采食量，从而增加能量。

（3）碾青

即将干、鲜粗饲料分层铺垫，然后用碌子碾压，挤出水分，加速鲜粗饲料干燥的方法。

（4）化学处理

机械处理粗饲料只能改变粗饲料的某些物理性质，对提高饲料营养价值作用不大，而用化学处理的方法则有一定的作用。化学处理是指用氢氧化钠、石灰、氨、尿素等碱性物质处理，破坏纤维素与木质素的酯链，使之更易为瘤胃微生物分解，从而提高消化率。

（5）氢氧化钠处理

草类的木质素在 2% 的氢氧化钠水溶液中形成羟基木质素，24 小时内几乎完全被溶解，一些与木质素有联系的营养物质如纤维素、半纤维素被分解出来，从而提高秸秆的营养价值。具体方法是：用 8 倍于秸秆重量的 1.5% 氢氧化钠溶液浸泡 12 小时，然后用水冲洗，一直洗到水呈中性为止。这样处理过的秸秆，可保持原有的结构与气味，鹿喜爱采食，而且营养价值提高，有机物质消化率提高约 24%。但这种方法费水费力，还需做好氢氧化钠的防污处理，故应用较少。也可采用 1.5% 氢氧化钠溶液喷洒的方法（每吨秸秆用 300 升溶液），随喷随拌，堆置数天，不经冲洗而直接喂用。经此法处理后，秸秆有机物质的消化率约提高 15%，饲喂家畜无不良后果，只是饮水增多，所以排尿也多。此法不必用水冲洗，故应用较广。

（6）氢氧化钙（石灰）处理

此法效果比氢氧化钠差，秸秆处理后易发霉，但因石灰来源广，成本低，对土壤无害，钙对动物还有好处，所以也可使用。如再加入 1% 的氨，能抑制霉菌生长，可防止秸秆发霉。

（7）氨处理

这种方法开始于 20 世纪 60 年代，在欧洲应用较广，在我国也曾大力推广，但随着氮肥价格上升，使用越来越少。氨处理虽然对木质素的作用效果比不上氢氧化钠，但对环境无污染，还可提供一定的氮素营养，比较简单实用，秸秆经氨化法处理后，颜色棕褐，质地柔软，鹿的采食量可增加 20% ~ 25%，干物质消化率可提高 10% 左右，粗蛋白质含量有所增加，对鹿生产性能有一定的改善，其营养价值可相当于中等质量的干草。

①水液氨氨化处理

将秸秆一捆捆地垛起来，上盖塑料薄膜，接触地面的薄膜应留有一定的余地，以便四周压上泥土，使之呈密封状态。在秸秆垛的底部用一根管子与无水液氨连接，按秸秆重的3%通入液氨，氨气扩散，很快遍及全垛。处理时间长短取决于气温，如气温低于5℃，需8周以上；5~15℃，需4~8周；15~30℃，需1~4周，喂前要揭开薄膜晾1~2天，使残留的氨气挥发。不开垛可长期保存。

②农用氨水氨化处理

用含氨量15%的农用氨水，按秸秆重10%的比例，把氨水均匀洒于秸秆上，逐层堆放，逐层喷洒，最后将堆好的秸秆用薄膜封严。

③素氨化处理

秸秆里存在尿素酶，加进尿素后用塑料膜覆盖，尿素在尿素酶的作用下分解成氨，对秸秆进行氨化。按秸秆重量的3%加进尿素，将3千克尿素溶解于60千克水中，均匀喷洒在100千克秸秆上，逐层堆放，用塑料薄膜盖严。

④碳酸氢铵氨化

将稻草切短，均匀拌入10%~12%碳铵和一定水，塑料膜密封口，20℃需3周；25℃需2周；30℃时1周即可完成氨化。氨化后秸秆呈棕褐色，质地柔软，鹿进食量可提高20%，消化率提高10%，且含氮增加。

（8）微生物处理

即利用有益微生物或某些酶制剂，对粗饲料进行生物学处理。这是近几年发明的新技术，其应用前景广阔。主要是菌种用量少，应用范围广，加工时间短。一般分菌种复活、溶解、混匀、饲料贮存4个步骤。其操作步骤基本类似青贮，参见青贮技术。

三、马鹿青贮饲料的种类及调制方法

我国北方冬季时间长，缺乏青饲料，青贮饲料是很好的粗饲料。青贮饲料是把新鲜的青饲料填入密闭的青贮窖、壕、塔或塑料袋里，经过压实使微生物发酵而得到的一种多汁、具有酸香味的、耐贮藏多年的饲料。青贮饲料作为加工和保存青绿饲料、提高饲料营养价值的一种方法，已为广大养殖场所接受，特别是对一些规模化的养鹿场，它是提供越冬饲料的主要来源之一。北方养鹿主要是玉米青贮。近些年人们普遍采用疏松种植青贮玉米，株距 20~25 厘米，在玉米生长到果实蜡熟期间收割，全株粉碎制作青贮，这样的青贮养分含量多，为鹿的主要粗饲料，常年均衡供应。大型养鹿场玉米青贮非做不可，而只养几只或十几只的鹿场可做胡萝卜青贮即可。只有玉米青秸秆而把穗取走的所谓青贮玉米，饲料质量差，不提倡拿来做青贮。

（一）青贮饲料的特点

①青贮饲料能有效地保存青绿植物的营养成分。

②青贮饲料消化率高、适口性好。

③青贮饲料保存期长，如管理得当，可贮藏几年甚至二三十年。

④青贮饲料单位容积内贮量大，每立方米青贮饲料重量为450~600 千克。

⑤青贮饲料的制作受天气影响较小。

(二) 青贮饲料种类

1. 一般青贮

是在厌氧环境中让乳酸菌大量繁殖，使淀粉和可溶糖分转化成乳酸，当乳酸积累到一定浓度后，pH 值降至 4.0 左右，便抑制腐败菌生长，这样就可以把青贮料的养分长时间地保存下来。

青贮原料上附着的微生物，可分为有利和不利于青贮的两类微生物。对青贮有利的微生物主要是乳酸菌，它的生长繁殖要求有湿润、厌氧的环境，有一定数量的糖类；对青贮不利的微生物有腐生菌等多种，它们大部分是嗜氧和不耐酸的菌类。

乳酸菌在青贮的最初几天数量很少，比腐生菌的数目少得多，但在几天之后，随着氧气的耗尽，乳酸菌数目逐渐增加，变成优势菌。由于乳酸菌能将原料中的糖类变为乳酸，所以乳酸浓度不断增加，达到一定量时即可抑制其他微生物活动，特别是腐生菌在酸性环境下会很快死亡，而乳酸菌也会随饲料 pH 值的不断下降而停止活动，从而把青贮料长期保存下来。

乳酸菌将糖分解为乳酸，在反应中，既不需要氧气，能量损失也很少。

青贮成败的关键在于能否创造一定条件，保证乳酸菌的迅速繁殖，形成有利于乳酸发酵的环境和排除有害菌、腐败菌的繁殖。

乳酸菌的大量繁殖，须具备以下条件。

第一，青贮原料要有一定的含糖量，含糖多的如玉米秸和禾本科青草等为易青贮原料。

第二，原料的含水量适度，禾本科植物含水 65% ~75% 为宜。

第三，温度适宜，一般以 19~37℃ 为宜。

第四，将原料压实，以排出空气，使原料处于缺氧状态。

2. 特殊青贮

（1）低水青贮或半干青贮

青饲料切割后，经风干使水分减少到 40% ~ 55%。这样风干的植物对腐生菌、酪酸菌及乳酸菌均可造成生理干燥状态，使生长繁殖受到限制。因此，在青贮过程中，微生物发酵弱，蛋白质不被分解，有机酸形成量少。虽然另外一些微生物如霉菌等在风干物质体内仍可大量繁殖，但在切短压实的厌氧条件下，其活动很快停止。因此，这种方式的青贮，仍需在高度厌氧情况下进行。

由于低水青贮是微生物处于干燥状态及生长繁殖受到限制情况下的青贮，所以，青贮原料中糖分或乳酸的多少以及酸碱度高低对于这种贮存方法已无关紧要，从而较一般青贮法扩大了原料范围。一般青贮法中认为不易青贮的原料（如豆科草）也都可以顺利青贮。

（2）外加剂青贮

主要从 3 个方面来影响青贮的发酵作用。一是促进乳酸发酵，如添加各种可溶性碳水化合物、接种乳酸菌、加酶制剂等，可迅速产生大量乳酸，使氢离子浓度很快达到 158.5 ~ 163.1 毫摩/升（pH 值 3.8 ~ 4.2）；二是抑制不良发酵，如添加各种酸类、抑制剂等，可防止腐生菌等不利于青贮的微生物的生长；三是提高青贮饲料营养物质的含量，如添加尿素、氨化物，可增加蛋白质的含量等。这样可以将一般青贮法难青贮的原料加以利用，从而扩大了青贮原料的范围。

（三）青贮条件

1. 青贮原料

应选择饲用价值高同时又能提供大量多汁物质的作物（如牧草、玉米秸秆、蔬菜类、瓜类等）来制作青贮饲料。青贮饲料具有来源广、成本低、营养价值比较全面等优点，是一类无论反刍动物或单胃动物都能利用的饲料。

2. 青贮设备

有圆形的青贮窖和青贮塔、长方形的青贮壕等。青贮设备要求达到的条件为：不透空气、不透水，墙壁要平直，有一定深度，冬季能防冻（宽深比为1∶1.5或1∶2）。现分述如下。

（1）地下式青贮设备

指青贮窖和青贮壕等全部位于地下，其深度应按地下水位的高低来决定，一般不超过3米。深的青贮设备容积大，有利于原料的压实，能提高青贮饲料的品质和降低损耗率，但取用下层青贮料比较费力；过浅的青贮设备容积小，不利于原料借助自身重力压实，容易发生霉坏。

地下青贮设备适用于地下水位低和土质坚实的地区。

（2）半地下式青贮设备

指青贮窖和青贮壕等的一部分位于地下，一部分位于地上。利用挖地下部分挖出的湿粘土或用土坯、砖、石等材料向上垒砌1.0~1.7米高的壁，即可建成。在砌成的壁上，所有的孔隙都应用灰泥严密涂封，外面要用土封好。用黏土堆砌的窖和壕壁厚度一般不小于0.7米，以免透气。

（3）地上式青贮设备

地上式青贮设备如青贮塔，一般是在地势低洼、地下水位较高的地区采用。塔的高度应根据设备条件而定，在自动装置原料设备及青贮切碎机的条件下，可建造高7~10米，甚至更高的青贮塔。为便于装料和取用青贮料，青贮塔应选择距离鹿舍较近处建造。塔壁由下到上应每隔1.0~1.5米留一窗口。塔壁必须坚固不透气，以免装入青贮料后崩裂。

（四）青贮饲料的调制方法

1. 选定青贮原料

地上式青贮饲料，可采用黑层测定法快速地测定收获玉米最高产量和最佳养分含量的时间。当玉米的谷粒达到生理成熟期时，靠近谷粒尖的几层细胞就变黑，形成黑层。检查这种黑层的方法，是在玉米果穗的中部剥下几粒谷粒，然后纵向剖开，或只切下谷粒的尖部，就可以寻找靠近尖部的黑层。如果有黑层存在，则表明玉米谷粒已到生理成熟期，是选制青贮原料的适宜收割时期。

草类青贮饲料，原料收获时期与选制优质干草（青干草）的收获时期相同；禾本科牧草以在抽穗期收获为好；豆科牧草以开花初期收获为好。利用农作物茎叶作青贮原料，应尽量争取提前收割。

对适时收割的青贮原料，应尽量减少曝晒和避免堆积发热，以保证原料的青绿和新鲜。

2. 清理青贮设备

对原有的青贮窖、壕，在使用之前应将窖、壕中及墙壁上附着的脏土铲除，拍打平滑，晾干后再用。

3. 适度切碎青贮原料

原料青贮前一般都必须切碎，使液汁渗出，润湿原料的表面，以利于乳酸菌迅速发酵，提高青贮饲料的品质。切碎原料常使用青贮联合收割机和青饲料切碎机，也可用滚筒铡草机。

喂鹿的青贮原料一般切成 2 ~ 5 厘米。含水量多、质地细软的原料可以切得略短些；凋萎的干饲草和空心茎的饲草要比含水分高的饲草切得更短些。切碎的原料容易踏实、压紧，空气排得也好，沉降也较均匀，养分损失也少。

4. 控制原料水分的含量

原料的水分含量是决定青贮品质最重要的因素。大多数青贮原料以含水分60%～70%时的青贮效果最好。新收割的青草和豆科牧草，含水量达75%～80%，应将含水量降低10%～15%才适宜制作青贮饲料。

5. 青贮原料的填装与压实

一旦开始填装青贮原料，速度就要快，以避免在原料装满与密封之前发生腐败。装填操作既要快，又必须注意安全。

（1）青贮原料的填装

为使切碎的原料及时送入青贮设备内，切碎机最好设置在青贮建筑物近旁，尽量避免切碎原料受日光曝晒。青贮设备内应有人将装入的原料耙平混匀，原料装入圆形青贮设备时要一层一层铺平，装入青贮壕时可酌情分成几段，顺序装填。

（2）青贮原料的压实

任何一种切碎的植物原料在青贮设备中都要装匀和压实，压得越实越好。特别要注意靠近窖壁和拐角的地方不能留有空隙。小型青贮窖可由人力踩踏压实，大型的青贮窖宜用履带式拖拉机来压实。注意不要让拖拉机带进泥土、油垢、金属等污染物，在拖拉机压实完毕后，仍需用人力踩踏机器压不到的边角等处。

6. 青贮的密封和覆盖

青贮设备中的原料装满压实以后，必须密封和覆盖。可先盖一层细软的青草，草上再盖一层塑料薄膜，并用泥土堆压靠在青贮窖或壕壁处，然后用适当的盖子将其盖严；也可在青贮料上盖一层塑料膜，然后盖上30～50厘米的湿土；如果不用塑料薄膜，需在压实的原料上面加盖约3～5厘米的软青草一层，再在上面覆盖一层35～45厘米的湿土，并很好地踏实。应每天检查盖土下沉的状况，并将下沉时盖顶上所形成的裂缝和孔隙用泥巴抹好，以保证高度密封，在青贮窖无棚的情况下，窖顶的泥土必须高出青贮窖的边缘，并呈圆顶形，以免雨水流入窖内。

（五）特殊青贮方法

1. 低水分青贮

低水分青贮与一般青贮方法不同之处在于它要求原料含水率可降到40%～50%。收割后的原料含水量减少的速度要快，低水分青贮原料切碎的长度以2厘米左右为好。

采用塑料袋装贮低水分青贮原料也是可行的。塑料袋青贮的关键有两点：一是要选好袋。常见的塑料薄膜有两种，一种是聚乙烯，可以装食品，也可用来装青贮饲料；另一种是聚氯乙烯，多数带有颜色，有毒，不能用来作青贮袋；二是要掌握好技术操作，做到原料优质、水分适宜、装袋迅速、隔绝空气、压紧密封。要控制好发酵温度，以在40℃以下为宜。青贮袋装好后放在固定地点管理好，不要随便移动，经30～40天发酵即可完成。

2. 高水分青贮

对蔬菜类、根茎类、瓜类和水生植物等高水分的原料，可采用高水分青贮法来制作青贮饲料。其方法如下。

第一，在调制青贮料之前，应将原料适当晾晒一下，除去过多的水分。

第二，可与水分含量较少的原料，如糠麸、干草、干甜菜渣等进行混贮，以提高青贮原料的含糖量。

第三，在装填原料之前，最好在青贮设备底部铺垫一定厚度的谷秕糠壳或碎软的干草等，以吸收渗出的液汁。

第四，可建造底部有出水口的青贮设备来进行青贮，并在底部铺上一定厚度的谷秕糠壳，使过多的液汁顺利排出，这样可以防止青贮饲料因遭水泡而变质。

采用以上方法使原料中水分含量达到一般青贮方法的要求指

标（60%～70%）后，再按一般青贮方法来进行青贮。

3. 外加剂青贮

除在原料中加入外加剂以外，其余方法与一般青贮均相同。外加剂大体分为两类：一类是在青贮料中加乳酸纯培养物制成的发酵剂，或加由乳酸菌和酵母培养物制成的混合发酵制剂，可促进青贮料中乳酸菌的繁殖。一般每吨青饲料中加乳酸菌培养物0.5克或乳酸制剂450克，每克青贮原料中有乳酸杆菌10万个左右。另一类是在青贮料中加防霉抑制剂，这是一类有抑制发霉和改善饲料风味、提高饲料营养价值、减少有害微生物活动等多种作用的添加物。在美国，每吨青饲料中添加85%的甲醛3.6千克，每吨黑麦草中添加95%的甲醛2.8千克。

在调制高蛋白青贮料时，如果原料中含蛋白质较高，加入添加剂青贮，可使蛋白质损失减少到最低限度，使青贮料仍保持高蛋白质含量。如苜蓿等豆科植物在牧草开花期刈割青贮时，每吨青贮料中加入蚁酸2.8～3.5千克或磨碎麦芽2%，都可制成高蛋白青贮料。如果原料中含蛋白质并不高，可向原料中添加尿素或硫酸铵混合物0.3%～0.5%。青贮后每千克青贮料中可消化蛋白质增加8～11克。如在玉米青贮料中加用，可形成菌体蛋白，也能提高青贮料中蛋白质的含量。

（六）青贮饲料的品质鉴定

青贮饲料（图3-1）品质的优劣与青贮原料种类、收割时期以及青贮技术等有密切关系。正确青贮，一般经17～21天的乳酸发酵，即可开窖取用。通过品质鉴定，可以检查青贮技术是否正确和判断青贮营养价值的高低。

1. 感官鉴定

根据青贮料的颜色、气味、口味、质地、结构等指标，通过感官评定其品质好坏的方法称为感官鉴定。品质好的青贮饲料保

图 3 - 1 马鹿青贮饲料

持了原料的新鲜颜色，风味酸甜，具有青贮饲料固有的清香味，质地变得柔软，无腐烂变质，无霉变。

2. 实验室鉴定

实验室鉴定的内容包括青贮料的氢离子浓度（pH 值）、各种有机酸含量、微生物种类和数量、营养物质含量变化以及青贮料可消化性及营养价值等。其中，以测定氢离子浓度（pH 值）应用较普遍。

氢离子浓度测定是衡量青贮料品质好坏的重要指标之一。优质青贮料氢离子浓度在 63 纳摩/升以上（pH 值 4.2 以下），超过这个要求（半干青贮除外），说明青贮料在发酵过程中腐败菌、酪酸菌等活动较为强烈。劣质青贮料氢离子浓度达 100 ~ 10 000 纳摩/升（pH 值 5 ~ 6）。实验室测定氢离子浓度可用精密电子酸度计，生产现场一般可用精密石蕊试纸测定，比较简便迅速。

四、马鹿添加剂饲料的应用及饲喂方法

添加剂饲料主要是指向饲料中添加的，用来补充鹿机体所需的微量元素、维生素和氨基酸等的营养成分，其原料组成有微量元素、维生素，如氯化钴、硫酸铜、硫酸亚铁、硫酸锌、硫酸锰、碘化钙、亚硒酸钠等；维生素类主要是脂溶性维生素，如维生素 A、维生素 D、维生素 E；氨基酸类，如赖氨酸、蛋氨酸等。因添加剂的添加量极其微小，必须由专门厂家生产，均匀混合到饲料中方可使用。建议马鹿养殖场直接到专业的饲料公司购买，并严格按照说明要求进行添加。

第四章 马鹿繁育小窍门

一、马鹿的繁殖规律

雌性马鹿的性成熟期为生后 16 ~ 18 个月龄，即在生后第二年的秋季；雄鹿则在第三年秋季采能达到完全的性成熟。如果生活条件适宜，饲养管理得当，个体发育良好，性成熟可以提前，在 8 ~ 10 个月龄可达到性成熟。如果环境条件不良，有些雄鹿性成熟推迟到 18 个月龄以后。

从性成熟到体成熟要经过一定的过渡时间，鹿的体成熟时间大致是 3 ~ 4 岁。无论是性成熟还是体成熟，除了受本身的种类、遗传和自然环境因素影响外，人为的饲养管理因素影响也很大。当母鹿卵巢中能周期性的排出成熟的卵子，公鹿睾丸中能产生成熟的精子；出现第二性征，例如公鹿生出茸角，母鹿乳腺、骨盆有明显的发育；出现性行为，此时的公母鹿于繁殖季节有交配的欲望，一旦交配一般能受胎繁殖。此时表示公母鹿已达到性成熟。

16 月龄育成母鹿有少部分能发情受配，妊娠产仔的很少，到 28 月龄时发情受配的母鹿仅有 20% ~ 30% 产仔，成年母鹿受胎率为 66%，产仔率为 60%，双胎不超过 1%，繁殖成活率为 47.3%。

(一) 马鹿发情的规律

1. 马鹿繁殖的季节性

马鹿每年只有一次发情季节，交配也是在一定的时间内进行的。大部分鹿类动物都是在秋季 9~10 月发情交配，翌年春末夏初开始产仔。但是只有到了秋季，公鹿才能产生成熟的精子，错过则易出现空怀现象。马鹿一般在 8 月末 9 月初开始发情，9 月下旬达到发情旺期，10 月中旬基本结束，发情持续期 2~2.5 个月，历经 3~5 个发情周期。公鹿繁殖的季节性更为明显，一般公鹿 8 月中旬就开始发情，公鹿睾丸的重量在各季节变化较大，夏季睾丸逐渐膨大，至配种旺期达到最大程度。

有研究报道寒区马鹿的繁殖规律（赵列平等，2008），以大兴安岭地区 107 头母鹿进行研究，发现寒区马鹿的发情季节主要在 10 月 4 日至 11 月 14 日。最早发情日期为 9 月 23 日，从 10 月 4 日后正式进入发情期，到 10 月 10 日前后为发情初期，发情率为 15.38%，10 月 11 日至 11 月 4 日为发情旺期，发情率占发情总数的 74.36%，但中间出现一个发情低谷，即 10 月 26~30 日，可能与天气下雪有关，11 月 4 日之后发情逐渐减少，到 11 月 14 日发情率为 10.26%，至 11 月中旬发情母鹿占母鹿总数的 81.25%。通过比较得出，大兴安岭高寒地区马鹿发情时间较北方大部分地区推迟约 15 天。寒区马鹿的发情周期平均为（17.33±5.23）天，最短 8 天，最长 28 天。寒区马鹿的平均妊娠期为（242.54±5.28）天，变动范围在 231~253 天。寒区马鹿发情持续期平均为（21.21±4.45）小时，变动范围在 17~27.17 小时。

鹿繁殖的季节性，是对环境变化规律的一种适应性，是自然选择的结果。这主要是由于大自然的季节因素对繁殖机能的影响，具体表现在光照时间和强度、温度高低和采食饲料的营养水平的变化等各方面，其中光照的影响较大。位于赤道附近的鹿，因光照时间变化不大，繁殖的季节性就不明显，也有常年发情的。但在光照变化大的地区，鹿的繁殖季节性就较强。逐渐缩短日照时间，可以促进鹿的繁殖季节的开始。温度对繁殖季节的影响相比光照次之，适当凉爽的天气有利于鹿繁殖季节的开始。鹿身体组织器官也随着季节发生变化，冬季春初饲料条件和气候条件非常差，鹿的组织器官也处于萎缩状态。夏秋季营养丰富，鹿的各种器官得到了正常的生长发育，恢复正常的生理机能，其中，就包括繁殖的生理机能。秋季公鹿、母鹿开始发情、交配，春季产仔可使仔鹿在一年当中最好的季节——夏季获得更好的生长条件，鹿繁殖的季节性保证了幼仔更好的生长和发育。

（二）母鹿的发情表现

母鹿的发情包括精神状态及交配欲，卵巢的变化、生殖道的变化。只有这3方面都充分表现，才是完整的发情。精神状态如兴奋不安、敏感、食欲减退等，卵巢的变化如卵泡的发育及排卵等，生殖道的变化包括外阴部、阴道、子宫颈、子宫、输卵管等，鹿在发情旺期这3方面表现的最为充分，这时是公母鹿进行交配受孕的最佳时期。

在一个发情季节中母鹿呈周期性的多次发情，发情初期表现为烦躁不安，来回走动，公鹿爬跨躲避不接受交配，至发情后期出现交配欲，此时公鹿爬跨站立不动，接受爬跨与交配。有些母鹿还主动接受甚至爬跨公鹿或同性鹿，阴部流出一些黏稠的液体。而初配母鹿发情不明显，交配欲不强，须由公鹿主动追逐交配。

母鹿发情的早晚及发情与否主要还取决于自身的体质健康情况以及体内性激素的作用。在营养不良的条件下，会导致性机能失调，从而发情受影响。所以仔鹿适时早断奶，饲喂含维生素A、维生素E丰富的青绿多汁饲料等，均衡母鹿的营养水平，均对母鹿发情有促进作用。

（三）母鹿的发情周期

随着卵巢每次排卵和黄体的形成与消失，母鹿的整个机体，特别是生殖器官发生着一系列的周期性变化。从上一次排卵到下一次排卵时间间隔称为一个发情周期。母鹿的发情周期一般为 6～20 天，平均 12 天左右。

据母鹿在发情过程中的生殖器官的变化和外部表现，发情周期可分为以下 4 个时期。

1. 发情前期

即发情准备阶段。此时卵巢中的黄体逐渐萎缩，新的卵泡开始生长，子宫颈口稍有开张，生殖道轻微充血肿胀，腺体分泌稍有增加，卵子尚未成熟且无性欲表现。

2. 发情期

卵泡成熟并排卵。发情表现明显，接受公鹿交配，持续时间 8～12 小时。分为发情初期、发情旺期、发情末期 3 个时期。

发情初期 此时母鹿刚开始发情但又没有明显的发情特征。母鹿的食欲时好时坏，兴奋不安，摇臀摆尾，来回走动，有时低声鸣叫；与公鹿逗情，喜欢公鹿追逐，当公鹿停止追逐时，母鹿又回顾公鹿，期盼再次追逐，若公鹿爬跨，母鹿却又不愿接受，外阴充血肿胀，有少量的黏液，稀薄；卵巢的卵泡发育很快，此期马鹿可持续 4～9 小时，一般不宜配种。

发情旺期 此期母鹿的各种发情特征表现最为明显。母鹿躁动不安、来回走动，频繁排尿，有时吼叫；主动接近公鹿或围着公鹿转圈甚至拱擦公鹿外阴部或腹部；交配欲强，当公鹿爬跨时，母鹿便站立不动，两后肢分开，臀部向后抵，尾巴抬起，期待交配，个别性欲强的经产母鹿甚至追逐、爬跨公鹿和同性鹿；母鹿内眼角下的两泪窝开张，分泌一种强烈难闻的特殊气味；母鹿外阴部肿胀增强，达到高峰；牵缕状黏液流出增多，呈黄色透明稀薄液，并摆尾排尿，有时还会发出叫声；阴门潮红湿润；卵巢的卵泡发育成熟并排卵。此期为母鹿配种的最佳时期，马鹿持续期为 5~9 小时。人工授精也应在此期进行。

发情末期　此期母鹿的各种发情表现逐渐消退，活动逐渐减少，食欲逐渐恢复，如遇公鹿追逐，母鹿则逃避甚至回头扒打公鹿，外阴部肿胀逐渐消退，黏液减少，变得黏稠。此期母马鹿持续 3~6 小时。

3. 发情后期

此期母鹿无发情表现变得安静。卵巢已经排卵完毕，出现了黄体，并且使机体的助孕素水平增高，改变了中枢神经的兴奋性，发情结束。

4. 休情期

为母鹿发情结束后的一个相对生殖生理静止期，母鹿的性欲已完全停止，精神状态、行为表现以及生殖器官已完全恢复正常，卵巢的黄体已发育充分。

母鹿在发情旺期配种，若未受胎，则休情一段时间后，便进入第二个发情周期；若已受胎，母鹿不再发情。

一般东北亚种马鹿的 9~11 月发情，发情持续 6~22 小时，发情周期为 7~23 天，平均 12.7 天；塔里木亚种马鹿于 9~11 月发情，发情持续 18~36 小时，发情周期为 16~29 天。

（四）公鹿的发情表现

公鹿的发情表现在性行为和精液品质的表现上都比较完善。完整的性行为表现大体为：性激动、求偶、勃起、爬跨、交配、射精和交配结束。

配种初期鹿茸生长停滞或骨化拧皮，食欲逐渐减退，性情暴躁，好争斗，经常鸣叫，精神紧张，极度兴奋时，用蹄扒地或顶撞木桩或围墙，颈部明显增粗，行动时颈部的强度也增大。处于配种期的公鹿常把腹部弄湿，并发出求偶的叫声，即使躺卧也发出吼叫声。发情旺期日夜吼叫，叫声可传出数千米。

9月中旬公鹿的争偶斗争表现最为激烈，此时正是母鹿集中发情之前，还有刺激母鹿发情的作用。此期如果喂给激素（雄性激素）或喂给大量激素性及含维生素较多的饲料，都能使公鹿性欲增强。性冲动还受母鹿发情引诱、气候的变化和不同圈舍公鹿混群等外界条件的影响，一般是性欲旺盛的壮年公鹿配种期体力消耗较大。

二、马鹿的配种方法和人工授精技术

（一）马鹿的配种方法

1. 种鹿的选择

选择马鹿双亲时，要选择生产性能高地马鹿。种公鹿的育种年龄一般在5~9岁，雌鹿的年龄一般在4~9岁。

2. 选配

选配是有目的地确定公母鹿的配对组合，使后代获得新的遗传基础，以达到培育和利用良种的目的。它实质上是，对鹿的配对实行人为控制，从而使优秀个体得到更多的交配机会，优良基因得到更好的发挥，进而促进鹿群的改良和提高。选配在鹿的育种工作中可具有为培育新的鹿品系类型创造必要的变异、加速基因的纯化、把握变异的方向、避免非亲和基因的配对、控制近交程度防止近交衰退等重要的作用，所以要合理利用。

选配的方式有个体选配和群体选配两种方式。

（1）个体选配

个体选配主要是考虑与配马鹿个体之间的综合素质，是同质还是异质、亲缘关系的远近等的问题。分为品质选配和亲缘选配两种。

①品质选配

品质选配就是考虑交配双方品质差异的选配，包括同质选配和异质选配两种。

同质选配就是选用性状相同、性能表现一致或育种值相似的优秀个体交配，以期获得相似的优秀后代。它主要是将亲本的优良性状稳定地遗传给后代，并得到保存、巩固和提高。在杂交育种工作的后期，也要用同质选配手段使群体趋于一致。在同质选配时要注意，不要出现"一般的配一般的"拉平现象，更不能将有相同缺陷的公母鹿相配。

异质选配分为具有不同优异性状的公母鹿交配，以期将两个优异性状结合在一个个体上，来获得兼有双亲不同优点的后代；或是选择同一性状表现优劣程度不同的公母鹿进行交配，以优改劣，使后代能取得较大的改进和提高。在鹿的育种工作中，鹿群中如发现某一性状表现的不很理想时，可以有针对性的选用或引进一批这一性状表现优良的种鹿交配来纠正。在杂交育种的初期可采用此种交配方式，以便达到理想的组合。

一般来说，采用异质选配所生的后代，无论是在生活力还是在生长速度、繁殖力以及疾病抵抗力等方面都有明显的提高，即产生杂交优势。同质选配和异质选配二者在育种工作中不是独立的，而是灵活运用相互交替进行的。如果长期同质选配会使鹿群的生活力、疾病抵抗力下降。如果只强调异质选配，又很容易造成鹿群品质杂乱无章，达不到应有的选育效果。

②亲缘选配

亲缘选配是考虑到交配双方的亲缘关系远近的选配方式。如果双方亲缘关系较近，就是近亲交配，反之称为远亲交配。近交可以加速基因纯合，优良性状的固定，淘汰有害基因，但是，严重近交会导致衰退，所以，近交时要严格掌握和控制近交程度和选择后代，加强饲养管理，当有不良者出现时必须严格淘汰或立即停止近交。

（2）群体选配

群体选配是以群体为单位的选配方式。是根据交配双方所属种群的异同而进行的选配。它不仅根据交配个体的品质差异和亲缘关系等个体特性来进行交配，还掌握与配个体所属的群体特性对它们后代的作用和影响，这对提高配种效果和鹿群的生产水平会带来更多的好处。群体选配可分为纯种繁育和杂交繁育两种形式。

①纯种繁育

纯种繁育即纯繁是指同种群内的个体选配。指在同一种群范围内，通过选种选配、品系繁育、改善培育条件等措施，以提高种群性能的一种方法。经一段时间纯繁后，势必会造成基因的相对纯合，使群体有较高的遗传稳定性，但群体内总会存在着一定的异质性，通过种群内的选种选配，还可能在生产水平上有所提高。当一个种群的生产性能基本能满足经济生产需求，不必作大地方向性改变时，使用以保持和发展一个种群的优良特性，增加种群内优良个体的比重，同时，克服种群的某些缺点，达到保持种群纯度和提供种群质量的目的。在一个鹿场，可根据实际情况，以场或队为单位进行纯繁，提高性状的水平。同时以分场或队之间造成异质性，然后再进行队间选配，鹿群生产水平或鹿群质量一定会不断提高。

②杂交繁育

杂交繁育即杂交就是异质选配，是选择具有差异的群体的个体间的交配，即"异种群体选配"。这种差异体现在表型、基因型或群体特性等3方面。杂交主要有两方面的作用：一是使基因和性状重新组合，原来不在一个群体中的基因集中到一个群体中来，原来分别在不同种群个体身上表现的性状集中到同一些个体上来；二是产生杂种优势，即杂交产生的后代在生活力、适应性、抗逆性以及生产力诸方面优于纯种个体，杂交后代的基因型往往是杂合子，遗传基础不稳定，所以杂种鹿不能作种鹿用。但是杂种鹿又许多新变异，又有利于选择。生产水平较低的鹿场，为了改变群体的遗传基础，可从外地鹿场引进优良种鹿，进行适当杂交，能适当地提高鹿群质量。

选配工作要注意：要根据育种目标综合考虑选配问题；尽量选择亲和力好的鹿进行交配；要考虑公母鹿的等级和年龄即公鹿的等级高于母鹿；相同缺陷或相反缺陷的个体不可相互交配；慎用近交；注意品质选配的使用。

选配工作之前要了解鹿群和品种情况，如系谱和群体特性、分析以前的交配方案、分析与配公母鹿的系谱和个体品质，分析与配双方的优缺点，绘制鹿群系谱图，分析系、族间的亲和力等准备工作。

3. 发情鉴定

母鹿是季节性多次发情动物，每年 9 月进入发情季节，到 11 月初基本结束，经历 3 ~ 4 个发情周期。正确地进行母鹿的发情鉴定，对适时配种、提高受胎率具有重要作用。

（1）公鹿试情法

用试情公鹿每日早、晚各试情一次，每次 30 分钟左右。判定标准为：试情公鹿追逐并爬跨母鹿，母鹿也靠近公鹿，如母鹿站立不动接受公鹿爬跨即为发情盛期，可拨出配种或输精。

试情公鹿可用采用试情布或阴茎移位方法处理。试情布法即给试情公鹿带上长 60 厘米、宽 40 厘米的细软布，四角缝上带制成的试情布，拴在试情公鹿的腰部，兜住阴茎不让阴茎伸出来，爬跨母鹿时不能交配。阴茎移位法即用手术方法将公鹿的阴茎向左或向右移位45°，使公鹿在爬跨时不能交配，所以公鹿始终保持旺盛的交配欲，可以长期放入母鹿群中，经常观察即可，但应注意有的阴茎移位公鹿交配欲不强，达不到试情效果。

（2）直肠触摸卵巢检查法

此法只应用于母马鹿的发情鉴定（图4-1）。触摸卵巢前，要保定好母鹿，术者剪短并磨光指甲，先用肥皂水洗净手臂，涂上温肥皂液，先缓缓排除蓄粪，然后沿子宫颈、子宫体、子宫角轻轻地触摸直至触摸到卵巢，通过卵巢上有无卵泡、卵泡形状、质地、大小推断发情状况。母马鹿未发情时，卵巢一般呈椭圆形、稍扁、硬而无弹性，体积小于指肚大，一般约为1.2厘米×1.0厘米×0.8厘米，个别的如黄豆粒大小。在发情期间，卵巢有卵泡发育，其成长过程由小变大，由硬变软，从无波动到有波动，这种变化在卵泡发育的不同阶段上差异明显，轻易触之并作出判断。卵泡发育分为卵泡出现期、卵泡发育期、卵泡成熟期和排卵期。卵泡出现期：卵巢稍增大，小指肚大小，母鹿表现不安定。卵泡发育期：卵巢体积大如无名指肚大小，稍有弹性，母鹿频尿，拒绝爬跨。卵泡成熟期：卵巢如中指肚大小，卵泡壁薄有弹性，波动明显，此期母鹿接受爬跨，是配种的最佳时期。排卵期：卵泡破裂，卵巢凹陷，母鹿拒绝爬跨。排卵后，黄体形成并略突出于卵巢表面，呈扁圆形。此法判断母鹿是否发情准确可靠，但需要一定技术和经验，所以，最好将以上两种方法结合起来，效果最佳。

4. 配种方法

马鹿的配种方法可以分为本交和人工授精。

本交分为：群公群母、单公群母、定时放对配种法、试情配种法。

（1）群公群母

这种配种方法是在20~30只母鹿群内放入2~5只公鹿，任其自然交配。因该法易损伤公鹿，系谱不清等，所以现在基本不

图 4-1 母鹿发情效果检查

应用。

（2）单公单母

此方法是在 15~20 只母鹿群内放入 1 只公鹿进行配种。这种方法又分为一配到底配种法和中间替换配种法两种。一配到底是种公鹿和母鹿混群后一直分开，直至配种结束。这种配种方法只要公鹿精液品质好，配种能力强，就能保证受孕。系谱清楚，管理方便，应用广泛。种间替换配种法：就是在配种过程中替换 1~3 次种公鹿。优点是种公鹿能得到休息，保证受胎率。缺点是系谱不清。

（3）定时放对配种法

此法是每天 5:00~7:00 和 16:00~18:00，定时将种公鹿放入母鹿群内，交配结束后再把种公鹿拨出来。如同时有几只母鹿发情，可用几只不同的种公鹿配种。有点是系谱清楚，配种时间清楚，可较大地发挥种公鹿的配种能力，能对公鹿进行特殊饲养，缺点是工作烦琐。

（4）试情配种法

是用一只试情公鹿在母鹿群众试情。试情鹿需年轻、性欲旺

· 65 ·

盛。为防止试情公鹿误配，试情公鹿需带上试情布、作输精管结扎或作阴茎移位手术。当试情公鹿发现发情母鹿时，将发情母鹿拨至种公鹿舍内配种。优点是能充分发挥种公鹿的配种能力，比平时能多配 1 倍数量的母鹿，加速了鹿群的改良速度，能对种公鹿进行精心饲养，系谱清楚。

（二）人工授精技术

1. 鹿人工授精技术的发展概况

应用人工授精与冷冻精液技术进行鹿的繁殖，是发展养鹿业的重大措施和趋势，其好处如下。

（1）扩大精液供应范围，充分发挥优良种公鹿的配种潜能

采用人工授精及精液冷冻技术配种，按目前的技术水平，一头种公鹿平均可配 300 ~ 500 头母鹿，是自然交配母鹿数量的 10 ~ 20 倍，可以极大地提高优良种公鹿的配种效能，加快良种鹿的扩繁速度。

（2）便于早期后裔鉴定，判断种公鹿的遗传力

用人工授精的方法可以在短期内生产出众多后代，通过鉴定可以判定公鹿遗传力，优良者即可留作种用，否则，作为生产用。

（3）可以防止传染性疾病的传播

通过人工授精，可以避免公母鹿生殖器官的接触，减少了传染病传播的机会。

（4）能有效地进行鹿的种间杂交

梅花鹿与马鹿不仅体型相差大，生物学特性也不尽相同，在进行杂交配种时，大约只有 10% 的公马鹿与母梅花鹿搭成交配，而公梅花鹿与母马鹿交配的成功率更低，采用人工授精可以弥补杂交困难，从而实现鹿的杂交育种目的。

2. 采精方法和精液处理

（1）采精方法

鹿的采精一般可用电刺激采精和假阴道采精方法。

①电刺激采精法

电刺激采精器是由电刺激器和电极棒（或称直肠探子）两部分组成。电刺激器由交流电压表（0～2伏）、电流表（0～1 000毫安）、变压调节器（2～16伏）、指示灯（6.3伏）、报警灯、接线柱、通断电按钮盒电源开关等组成。电极棒由硬质塑料或有机玻璃等绝缘材料制成，适用于马鹿的是全长500毫米，直径20毫米。

电刺激采精的原理是用电极棒插入鹿的直肠，利用交流电直接刺激动物输精管壶腹部附近的感觉神经末梢，然后将兴奋传到至射精中枢而使动物射精（图4-2）。

图4-2　马鹿电刺激采精（塔河马鹿）

采精过程包括保定、通电刺激、精液收集3个环节。保定分为麻醉保定和机械保定两种，麻醉保定是给鹿注射二甲苯胺噻唑麻醉后，用绳索缚住鹿的四肢，然后立即灌肠、排粪、用水冲洗阴茎并擦拭干净。采精过程要严格按照电压变动由低到高、间断刺激的原则进行，否则，容易出现长期低压刺激而射精受阻或阴茎不勃起提前射精，造成精液污染，同时刺激电压突然过高，会使公鹿接受过度刺激，排精反射收到损害或影响下次采精。将鹿保定好后，将电极棒插入肛门内，接通电流，将电压调至第一挡（2 伏），以每隔 5 秒，通电 5 秒进行电刺激，持续 1.5 分钟后，再调至第二挡（4 伏），并以同样方式刺激，以此类推，第三挡（6 伏）、第四挡（8 伏），第五挡（10 伏）……当鹿在某一挡通电刺激时射精，即不再升压，便要继续以通、断电刺激，直至射精完毕为止。在阴茎勃起时直接将曲颈刻度瓶口套在龟头上收集精液。

②假阴道采精法

这种采精方法射精量虽不大，但是，精子密度高、活力好。这种采精方法要事先准备好采精场、假台母鹿、种公鹿的调教等事项。

采精场应选在环境僻静的圈舍内，圈舍内要平坦，保持圈内洁净干燥。一般用经过调教和驯化过的发情母鹿（人工诱导）作台母鹿，也可用假台鹿，可以制成能垂直升降和水平转动的台鹿器，对假阴道实行电动控温，在假台鹿的假阴道外涂上发情母鹿排出的黏液或尿液，以诱导配种公鹿爬跨、射精。应用假阴道采精前，还需对欲采精种公鹿进行驯化和调教。对于种公鹿的训练，平时要加强种公鹿的驯化，经常用食物和固定信号引诱种公鹿，后边有人驱赶，在场内巡回运动，做到任人抚摸的程度。等到了发情季节，每天定时把种公鹿放入采精场，让它熟悉假台母鹿。用假台母鹿调教种公鹿要有一段过程。因此，要有耐心，不要鞭抽、棍打，尽量避免一些不良刺激。当第一次爬跨采精成功后，还要经过多次重复，以建立牢固的条件反射，保证以后能顺利采精。

采精所需的假阴道是由外壳、内胎和集精管 3 部分组成的筒状结构。外壳为硬橡胶圆筒，安装有注水孔和吹气孔，内胎为柔软的橡胶管，外壳和内胎之间可装温水和吹入空气，以保持适当的温度和压力，末端有一玻璃集精管。使用假阴道应洗涤、安装、消毒和调温等步骤。

（2）精液处理

①精液的检查

对精液品质的检查应包括射精量、颜色、云雾状、pH 值、精子活力、精子密度等各项指标的检查。射精量因个体而异，而同一个体也因年龄、采精方法、技术水平、采精频率和营养状况等而变化。正常的精液颜色为浓厚的乳白色，有时为乳黄色，其他颜色视为不正常现象，凡是发现精液中混有其他颜色时，应立即停止采精，进行检查治疗。鹿的精液密度很大，肉眼观察时可看到精子翻滚现象，成为云雾状，这时精子非常活跃的表现，据此可以估计精子活率的高低，分别用 + + +、+ +、+ 表示。新鲜精液的 pH 值一般为 7 左右，pH 值的高低影响着精液的品质。pH 值偏低的精液品质最好，偏高的精子受精力、生活力、保存效果均降低。精子活力是根据在显微镜下检查直线前进运动的精子所占的比例来评定。可用十级评定法评定，视野中 100% 的精子作直线前进运动的评为 1.0，90% 作直线前进运动的评为 0.9 分，80% 作直线前进运动的评为 0.8 分，其余以此类推。

精子形态检查包括精子畸形率和精子顶体异常率的检查。其他方面还包括精子存活时间的检查、细菌学检查、冰点下降度等。检查精子密度的方法有估测法和精子计数两种方法。估测法是用平板压制标本，在显微镜下根据精子稠密程度不同，粗略分为"稠密"、"中等"、"稀薄"三级。根据密度大小确定稀释倍数。精子计数是用白细胞计算板计算每毫升精子数。

②精液的稀释

精液的稀释，一是增加精液的容量，提高一次射精量的可配母鹿数；二是延长精液的保存时间，便于运输。现行精液稀释液含有多种成分，有稀释剂、营养剂、保护剂等。

稀释液的种类：柠檬酸钠稀释液（冷冻颗粒）、Tris 稀释液（冷冻颗粒或细管）两种。柠檬酸钠稀释液成分是 2.9% 的柠檬酸钠 72 毫升、果糖 1.25 克，链霉素 0.1 克，卵黄 20 毫升，甘油 8 毫升组成。Tris 稀释液是由 Tris 3.36 克，果糖 0.5 克，柠檬酸 1.99 克，卵黄 15 毫升，青霉素钠盐 0.06 克，链霉素 0.1 克，加蒸馏水至 100 毫升。

稀释方法 采出的精液应尽快稀释。稀释时，精液与稀释液的温度必须调整一致（30℃左右），片刻后即可进行稀释。方法是将一定的稀释液沿杯壁徐徐倒入精液杯内，边倒边缓慢摇匀。如果进行高倍稀释，应分 2 次或多次完成，先进行低倍稀释，然后进行高倍稀释，以防止稀释打击。稀释后精液的有效精子数应达到 0.8 亿/毫升。

稀释倍数 稀释精液时，添加与精液量相等的稀释液为稀释 1 倍，或称 1∶1 稀释；如添加 2 倍于精液量的稀释液即为稀释 2 倍，或称 1∶2 稀释；以此类推。精液的稀释倍数适当，可以提高精子的存活，如果稀释倍数超过一定限度，精子的存活会随着稀释倍数加大而逐渐下降，以致影响受胎效果。

精液适宜的稀释倍数取决于每次输精所需的精子数、稀释倍数对精子保存时间的影响、稀释液的种类。

分装 用带长针头的注射器吸取稀释后的精液，将精液缓慢加到 0.25 毫升的聚氯乙烯细管中，将长针头从开口端插入到活塞端，缓慢推入稀释后的精液，边推入边慢慢后撤注射器，离封口端近 1 厘米处，热压封口。有条件的可以使用细管分装机装填精液。

③精液保存

精液稀释后立即进行保存。按保存温度分为常温（15～25℃）保存，低温（2～4℃）保存和冷冻（－196℃）保存3种。无论哪种保存方式，都以抑制精子的代谢活动、延长精子的存活时间，而不丧失其受精力为目的。从这一点出发，首推冷冻精液最为理想。

精液的低温保存　精液稀释后，缓慢降温，以免除冷休克的发生。从20℃降至2～4℃，每分钟降0.2℃左右，大致用1～2小时完成降温全过程。降温后分装，通常按照一个输精量分装密封。用数层纱布包裹，裹以塑料膜防水，置于2～4℃低温环境中保存，保存期间尽量维持温度恒定，防止升温。

精液的常温保存　精液的常温保存时利用酸的抑制作用来降低精子的代谢活动。当降低到一定酸度后，精子就受到抑制，在一定的pH值区域内可逆性抑制，当pH值恢复到7左右时，精子就可以复苏。其方法就是在稀释液中加入有机酸和抗生素，再稀释精液，于15～25℃温度中，可保存3～5天。

精液的冷冻保存　鹿的精液冷冻（－196℃）保存可以长期保存使用。将需要冷冻保存的精液封好口的精液细管用纱布包好，放在4℃冰箱内平衡2小时。将平衡后的精液细管铺在液氮上方2厘米处的铁丝网上，冷冻3～5分钟，然后进入液氮中保存。

冷冻精液的解冻（即化冰或融化）：细管或安瓿瓶精液解冻时，可将其直接投入35～40℃温水中，待精液融化一半时，立即取出备用；颗粒精液有干解冻和湿解冻之分：湿解冻是将0.2毫升解冻稀释液倒入试管内，水浴加温至40～45℃，再投入颗粒精液，融化，备用。

3. 输精

（1）输精前的准备

①母鹿的选择和管理

应根据育种值的大小选择人工授精母鹿，这样产生的后代质量才会更好；选择繁殖性能最好的母鹿，人工授精应选择 2 胎以上（含 3 胎）8 胎以下，没有发生过流产、产后母性好的母鹿；选择健康体况适宜的母鹿，体况不要过瘦和过胖，最好是中等或中上等膘情；选择神经类型好的母鹿，即选择没有恶癖、性情温顺、便于拨鹿。

在进行同期发情和人工授精前，要每天驱赶母鹿群到保定圈和自己的圈舍中以熟悉场地。禁止在人工输精前或人工输精后随意给母鹿串组换圈。

②母鹿的准备

将发情母鹿放在保定器内，必要时用鹿医疗保定器保定或用药物轻度麻醉。然后，用温肥皂水洗涤阴户，出去污垢并消毒，并用消毒过的纱布擦干。

③器械的准备

所用输精用具必须严格消毒，玻璃物品可用蒸煮消毒，玻璃输精管不宜放入蒸锅内，可用 75% 酒精冲洗消毒，用前再以稀释液冲洗 2~3 次，橡胶输精管亦可用酒精消毒，金属开张器可浸在消毒液中消毒。

④输精人员的准备

输精人员要熟练掌握输精技术及操作方法，指甲须剪短磨光，手要洗涤消毒。

⑤输精的准备

使用液态精液输精时，低温保存的要缓慢（20~30 分钟）升温到 35℃ 左右，镜检活率不低于 0.5。冷冻精液解冻后，镜检活率不低于 0.3，每粒（或支）冻精含有效精子 1 000 万以上。

（2）输精操作

未经过同期发情处理的母鹿通过发情鉴定，确定输精时间；同期发情处理的母鹿采用定时输精的方法，比较省时省力。输精方法主要采用直肠把握法。此法适用于马鹿等体型较大的鹿。受精母鹿机械站立保定或麻醉躺卧保定均可。输精员清洗消毒手及手臂，涂上肥皂，准备好输精器。将母鹿的外阴及尾根清洗干净、擦干。输精员一手五指合拢呈圆锥形，左右旋转，从肛门缓慢插入直肠，排净宿粪，寻找并把握住子宫颈口处，同时直肠内手臂稍向下压，阴门即可张开；另一手持输精器，经由阴道缓缓前伸并插入子宫颈管张口，通过子宫颈管内 4 个皱褶，将精液输入到子宫颈深部或子宫体内，然后撤出输精枪。输精完毕，稍按压母鹿腰部，防止精液外流。在输精过程中如遇到阻力，不可将输精器硬推，可稍后退并转动输精器再缓慢前进。如遇有母鹿努责时，一是助手用手掐母鹿腰部，二是输精员可握着子宫颈向前推，以使阴道肌肉松弛，利于输精器插入。青年母鹿子宫颈细小，离阴门较近；老龄母鹿子宫颈粗大，子宫往往沉入腹腔，输精员应手握宫颈口处，以配合输精器插入输精完毕，再颈注苏醒灵，约 3 ~ 5 分钟母鹿苏醒后自行站立，将所用器械清洗消毒备用。

2002 年，新疆农二师成功研究了马鹿人工授精技术，从采精、细管冻精制作到人工输精均制定了操作标准。并且通过小群、大群母鹿采用跟踪试情法得出，发情母鹿在 12 ~ 16 小时拒绝爬跨的占总发情鹿比例达 86%，此期受胎率也最高，说明跟踪试情法能明显提高受胎率，如仍采取定时输精法，应在 12 ~ 16 小时输精较为适宜。

三、马鹿的保胎和产仔

（一）保胎措施

母鹿妊娠后，应做好保胎工作，防止流产发生，避免不必要的损失。造成流产的原因主要有胎儿在妊娠中途发生死亡、子宫突然异常收缩、母体内生殖激素（特别是孕激素）分泌紊乱，失去保胎的控制能力。所以保胎措施应围绕以下几点进行。

（1）减少不良刺激，维持环境安静

母鹿在胚胎着床前应尽量减少过量运动，避免过分惊吓刺激，否则很容易造成流产。在妊娠后期，因胎儿快速生长，母体只要稍受刺激，胎动现象就非常明显，同时子宫肌接受刺激的敏感性增强，过量运动和异常刺激就会破坏子宫内环境的稳定性，容易造成流产或早产。因此，在日常管理中格外注意周围环境的稳定，不要随意调换圈舍，避免大声喧哗，谢绝一切参观和陌生人进入圈舍。

（2）保证满足母体和胎儿的营养需要

要加强母鹿妊娠期间的营养调配和供给。根据母体和胎儿各阶段的生长发育特点，合理搭配饲料，特别是蛋白质、维生素和矿物质类饲料，力争做到日粮全价、适口性好。另外，此期间不要变换饲料，以免影响食欲和瘤胃内微生物体系，一定要变换饲料时，要逐渐进行。

妊娠母鹿的营养供给与胎儿的生产发育、仔鹿初生重密切相关。生后的抗逆性以及未来的生产力等密切相关，也明显影响母鹿产仔后的泌乳量。如果妊娠母鹿营养不良，轻者造成弱胎，重者引起流产、死胎。

（3）搞好卫生防疫工作、预防疾病发生

妊娠母鹿不论患何种疾病对胎儿的正常生长不育均是不利的，甚至导致流产、死胎，因此，鹿场必须采取积极有效的综合措施，如圈舍要经常打扫、保持卫生、定期消毒，不饮用污水、不饲喂发霉变质的饲料、及时隔离治疗病鹿以防止病原体在鹿群内传播等，以预防各种疾病的发生。一般在妊娠中期要对母鹿进行一次普遍检查，这样即可将妊娠母鹿与空怀母鹿，体强孕鹿与体弱孕鹿分开饲养，又可检查孕鹿是否患病，应避免使用对保胎不利的药物。

（4）冬季防寒

鹿的妊娠包含了整个寒冷的冬季。在我国东北地区的鹿场，冬季必须采取有效的防寒措施，才能使妊娠母鹿及其胎儿安全越冬，否则也造成流产、死胎。提前堵住圈舍风眼、及时清除运动场和圈舍内的积雪、垫草应勤换、干净、充足；喂给温水和温食，不喂霜冻饲料和饮水、适当加强运动和供给热能饲料。

（5）及时合理地分群

将妊娠母鹿和空怀母鹿、健壮母鹿、体弱母鹿分开饲养，这样既有利于做到对妊娠母鹿的重点管理与饲喂，又能及时查出病患母鹿。

（6）药物保胎

对有流产征兆的母鹿应投给保胎药物和黄体酮（孕酮）、安宫黄体酮、甲地孕酮等。

（7）要适当加大运动场地并人为驱赶母鹿运动，在母鹿妊娠后期一定要控制好母鹿膘情，不要过胖，这样也能确保母鹿正常分娩。

(二) 马鹿的产仔

1. 产仔时间

母鹿产仔时间一般集中在 5 月下旬至 6 月中旬，母鹿的产仔时间主要取决于有效配种时间和妊娠天数，此外，影响发情、配种以及妊娠日数的因素也将影响产仔时间。一般发情早配种早，受孕早产仔就早，反之，产仔就晚。

马鹿预产期主要根据配种日期和妊娠天数推算，为月减 4，日加 1 (东北马鹿)，或日加 2 (天山马鹿)。采用这些简便公式推算预产期的准确率可达 90% 左右。

母鹿产仔早而且集中有利于仔鹿的早期迅速生长发育和饲养管理，成活率高，因为 5 ~ 6 月时气候温和、少雨，青绿多汁饲料丰富，日照时间长，适宜仔鹿生长发育；到了夏末秋初季节，大部分仔鹿已有 2 月龄，抗逆性增加，基本上能够适应复杂多变的气候和环境条件。6 月下旬至 8 月上旬仔鹿出生晚时，正值炎热多雨季节，容易滋生细菌，并且仔鹿抵抗外界环境不利因素的能力较弱，发病率较高，生产发育缓慢，体质不健壮致使不能安全越冬，死亡率较高，而且延迟母鹿后来的发情期配种以及幼鹿的开始使用年龄，造成恶性循环。所以，产仔提早而且集中是提高仔鹿成活率的一项有力技术措施，对鹿场的生产来说是十分必要的。

只要能够准确掌握母鹿的有效配种日期和产前表现，就可以预测分娩日期。母鹿分娩多发生在午夜或清晨，但也有少数在白天产仔。母鹿正常分娩过程所需时间，从羊水破出到胎儿落地为 30 ~ 180 分钟，其长短与母鹿体质好坏、圈养或放牧、胎儿大小与数量多少、顺生或倒生、环境有无干扰等有关，通常放牧母鹿较圈养母鹿分娩快，而且难产少。

2. 临床表现

妊娠母鹿在产前 15 天左右，乳房开始迅速发育、显著膨胀，乳头增粗变红，腺体充实；临产前几日可从乳房中挤出少量清亮胶样液体，至产前数天能挤出乳白色初乳时，分娩即将在 1～2 日内发生。腹部严重下沉，在产前 1～2 日尤为明显。阴唇在分娩前约一周开始明显肿大外露、柔软潮红、皱襞展开、黏液由浓厚黏稠变为稀薄滑润；子宫颈在分娩前 1～2 天开始肿大松软，黏液塞软化，流入阴道而排出阴门之外，呈半透明索状；骨盆韧带从分娩前 1～2 周开始软化，至产前 12～36 小时，出现塌臀。

母鹿在临近分娩前数天喜欢舔食精料渣，而迟迟不愿离开料槽，到临产前 1～2 天时，少食或绝食；在圈中来回走动不安，尿频，阴道口流出蛋清样黏液。寻觅分娩地点，站立和爬卧反复进行。鹿场一般在 4 月 20 日以后就应注意观察孕鹿的乳房大小和行为表现，一旦有分娩征兆，圈养鹿应及时拨入产仔圈，放牧鹿应及时留在（赶回）舍内。

3. 分娩期间的管理

产前准备好产圈或产房，仔鹿保护栏或小床，助产用具、药品以及垫料等用品；安排好昼夜值班，责任落实，做到圈有人看，鹿又人管，人不离圈，随时准备应付特殊事件；母鹿分娩期间要保证产仔圈舍周围安静，禁止大声喧哗，避免任何异常干扰；加强临产孕鹿的看护，留心观察分娩情况，做好产仔记录，发现异常及时处理。如产程达 3 小时以上的难产母鹿应早施行人工助产；发现母鹿弃仔、扒仔等不正常母性行为时立即隔离母仔，其仔由性情温顺同期分娩的其他母鹿代养或人工哺乳；仔鹿生后 10 秒以上不见呼吸动作，有窒息的可能，应马上抢救；仔鹿生后 1 小时以上仍不能站立，应区别原因进行护理；仔鹿生后 2 小时以上仍不能就乳，应考虑人工哺乳或找其他母鹿代养，并设法使初生仔鹿吃上初乳，人工哺乳时应用温湿棉球或纱布涂擦仔鹿肛门以刺激排便，代养时应使被代养仔鹿与代养母鹿所生仔鹿气味相同。

仔鹿出生后，如果亲生母鹿或其他母鹿较长时间不去舔干其身上的胎膜和黏液，必须及时用无异味洁净的草或布等人为擦净。出生仔鹿吃过3~4次乳汁后，要检查脐带，可人工辅助断脐，并严格消毒。另外，还应注意仔鹿生后的保温防潮和日常卫生工作，可在圈舍内设置仔鹿保护栏或小床，并铺垫清洁柔软的干草或树叶等，应勤换垫料，搞好周围环境卫生及环境、用品的消毒工作。仔鹿2~3日龄打耳号，并进行登记。

4. 人工助产

鹿在正常产仔时，一般不需要助产，尽量采取自然分娩方式为好。

母鹿难产有很多原因，主要是饲养管理不当造成的，如母鹿过肥，胎儿过大，或母鹿过瘦，娩力不足，或运动不足。鹿在分娩过程中易受到意外干扰，使正常的胎位、胎势发生变化，甚至已进入骨盆的胎儿停止娩出或退回子宫，造成分娩障碍。此外，母鹿骨盆狭窄、胎儿畸形、初产母鹿产道开张不全、老龄母鹿分娩力不强等，都是引起难产的原因。

在难产的情况下助产时，必须遵守一定的操作原则，即助产时除挽救母鹿和胎儿外，要注意保持母鹿的繁殖力，防止产道的损伤和感染。为便于矫正和拉出胎儿，特别是当产道干燥时，应向产道内灌注大量润滑剂。为了便于矫正胎儿异常姿势，应尽量将胎儿推回子宫内，否则产道空间有限不易操作，要力求在母鹿阵缩间歇期将胎儿推回子宫内。拉出胎儿时，应随母鹿努责而用力。

实际上，母鹿的难产种类很多，也比较复杂，所以，救助时应根据具体情况因势利导，采取最有效的方法，使助产获得成功。

难产极易引起胎儿的死亡并严重危害母鹿的繁殖力。因此，难产的预防是十分必要的。首先抓好育成母鹿的初配时机，如果进入初情期或性成熟后就参加配种，由于母鹿尚未发育成熟，分娩时仍处在发育阶段，容易造成产后和骨盆狭窄，或者造成产力不足，引起难产。当然，初配年龄过大的母鹿由于骨盆联合牢固，开张困难，分娩时也会造成产道性难产。因此，抓好育成母鹿的初配时机，是预防母鹿难产的一项重要措施。其次，保证母鹿的正常产力，妊娠期间母鹿摄取的养分不足，疾病因素，特别是运动量不足，长期近亲繁殖，都会影响母鹿的体质，进而造成妊娠母鹿产力不足，造成产力性难产。因此，保证妊娠期间的营养水平，加强鹿的育种工作，加强妊娠母鹿的运动和防止疾病的发生，不仅可提高母鹿的产力，而且减少死胎和畸形。还要保证胎儿生产发育条件的稳定性，母鹿的生活环境的稳定和适宜，是保证正常妊娠和胎儿正常生长发育的前提。圈舍条件不稳定，鹿舍过小或密度过大，料槽狭小等都会造成鹿运动和采食时的拥挤。运动过度激烈，突然惊吓，或喂给带有刺激性的食物都会使胎儿的正常胎位、胎势发生变化，造成胎儿性难产。因此，在诸方面的饲养管理上如能多加重视，实行科学的保胎措施，就会大大减少难产现象，提高母鹿的繁殖水平。

四、提高马鹿繁殖的方法

（一）影响繁殖力的因素

繁殖力是指繁殖后代的能力。对单个母鹿来说，就是一定时间内（如一年、一生等）繁殖仔鹿的能力，涉及到鹿的遗传、性成熟、体成熟、公鹿的精液质量和配种能力、母鹿的发情、排卵、卵子的受精能力、妊娠、泌乳及育仔等。群体的繁殖力是所有个体以上指标的综合，用平均数或百分数表示。主要常用指标有发情率、受配率、产仔率、群平均产仔数、双胎率、繁殖率、成活率（仔鹿断奶）、繁殖成活率、空怀率、流产率等。通过繁殖力的测定，可以掌握鹿群的增殖水平，反映某项技术措施对提高繁殖力的效果，并及时发现鹿群的繁殖障碍，以便采取相应措施改进，不断提高鹿群的数量和品质。因此，鹿的繁殖力直接影响到生产能力的高低，特别是母鹿的繁殖力就是它的主要生产力。

繁殖力的影响因素很多，除公母鹿本身的生理因素外，环境条件、人为繁育方法、饲养管理以及其他技术水平都是很重要的影响因素。这些因素通过不同的途径直接地或间接地作用于公母鹿的繁殖过程中得各个环节，最终调控繁殖力。

1. 遗传因素

不同品种、品系或类群有着不同的繁殖力。通常天山马鹿比东北马鹿繁殖力高，杂交鹿的繁殖力因遗传基础发生了改变又比双亲的高。

2. 环境因素

影响马鹿繁殖力的主要环境因素为光照和温度。光照时数变化（光周期）是调控马鹿发情最重要的环境生态因子，除海南水鹿外地其他大多数鹿在光照时数逐渐变短的季节发情配种。气温随纬度、海拔、地形、地势以及坡向等变化而变化，可影响整个繁殖过程。马鹿属于气温逐步下降的季节发情配种，环境温度过高，可抑制性腺机能活动，降低繁殖力；环境温度过低，可引起体温下降、代谢率降低，而导致繁殖力下降。

3. 营养因素

营养因素可影响繁殖过程中的各个环节，对鹿的繁殖力影响很大。

营养水平低，会导致动物不发情、繁殖率低，甚至不繁殖。试验证明，公鹿的精液品质主要取决于日粮的全价性。

4. 管理因素

人工饲养环境条件下，马鹿的繁殖是受人为控制的。种公母鹿的选择、种母鹿群的年龄结构、配种方法和技术均直接影响繁殖结果。合理的饲喂制度、放牧、运动、调教等不仅能提高鹿的繁殖率，还会促进胎儿的生长发育和仔鹿的成功培育。鹿场的兽医卫生制度和防病治病措施也都会直接地或间接地影响鹿的繁殖力。

（二）提高马鹿繁殖的方法

提高马鹿的繁殖力的措施必须从提高公鹿和母鹿繁殖力两方面着手，充分利用繁殖新技术，挖掘优良公、母鹿的繁殖潜力。

1. 加强选育、及时淘汰有遗传缺陷的种鹿

繁殖力受遗传因素影响很大，不同品种和个体的繁殖性能也有差异。尤其是种公鹿，其精液品质和受精能力与其遗传性能密切相关，而精液品质和受精能力往往影响卵子受精、胚胎发育和仔鹿生长的决定因素，其品质对后代群体的影响更大，因此，选择好种公鹿是提高繁殖力的前提。母鹿的排卵率和胚胎存活力与品种有关。在搞好选种的同时，还应进行合理选配，避免过度近亲繁殖，可提高繁殖力。

选择繁殖率高地公母鹿参加配种，严格淘汰生殖系统有缺陷（如公鹿单睾、隐睾等）和疾病（如布氏杆菌病等）的鹿，不允许射精少、精液品质差、配种能力低的公鹿和发情障碍、屡配不孕、习惯性流产、母性不强的母鹿参配。另外，在搞好选种的同时，还应结合合理选配，避免过度近亲繁殖，可提高繁殖力。

2. 充分利用杂种优势

杂交鹿的繁殖性能高于双亲，呈现出显著的杂种优势。因

此，鹿场可通过种间杂交、品系杂交和类群间杂交来提高鹿的繁殖率。

3. 改善饲养管理

在饲养上，要确保营养均衡。应以青、粗饲料为主，并根据不同时期（配种前期、妊娠期、泌乳期）的营养需要，适当补充精饲料，并在日粮中添加食盐、骨粉、多种维生素和微量元素，尽量做到饲料品种的多样化，以增加日粮的全价性、适口性和利用率。

管理上，应注意饲料、饮水卫生和圈舍清扫消毒，遵守科学的饲喂制度。妊娠产仔期要保持环境安静，无异常干扰，做好保胎工作，防止死胎、流产、难产、弃仔等现象的发生。母鹿在妊娠中、后期，应合理运动并适当控制精料喂量，以减少难产。要保证出生仔鹿（特别是初产母鹿、难产助产母鹿、扒仔弃仔母鹿的出生仔鹿）能够吃上初乳，避免异味留在幼仔鹿身上造成母鹿不哺乳。哺乳后期应设专槽用于补饲仔鹿，实行8月中旬一次性断奶分群，以减轻母鹿的营养负担，尽快恢复母鹿的体况。

4. 增加适龄母鹿的比例

一般而言，母鹿的最适配种年龄为 4~7 岁。应保证适龄母鹿在繁殖群中占 60% 以上。青壮年母鹿的发情、排卵、体质都较好，受胎率高，产后哺乳能力也较强。为此，要有计划地选择优秀后备母鹿补充到繁殖母鹿群中去，严格淘汰繁殖力下降的病弱、老龄母鹿。这不仅可以大大提高鹿场的繁殖水平，而且可以减少饲养母鹿的成本，提高养鹿效益。

5. 应用繁殖新技术

正确应用繁殖新技术是提高繁殖力的手段之一。在提高鹿的驯化技术、发情鉴定技术、同期发情技术的基础上积极开展鹿人工授精技术、精液冷冻技术和 X/Y 精子分离技术的研究与推广，充分发挥其应有的作用，发挥优良种公鹿的繁殖潜能。对不发情或发情较晚的母鹿可采用诱发发情技术。为了提高双胎率，可通过杂交途径或使用双羔苗（甾体激素免疫法）或采用超数排卵技术。为了减少空怀，可运用早期妊娠诊断技术，并适时给返情母鹿补配。

胡树香等开展了马鹿 X/Y 精子分离技术及人工授精技术的研究，采用流式细胞仪进行 X/Y 分离，分离的精子进行冷冻保存，经过人工授精至自然发情母鹿，妊娠期满均产下雄性仔鹿，性别控制准确率100%，从而，X/Y 精子分离技术可以成功地应用在马鹿的生产中。

第五章　马鹿幼鹿快长新技术

为了维持鹿群的生产性能状态，必须不断地更新种群个体，淘汰老鹿、病鹿及生产性能低、遗传基础差的鹿，及时补充大量的良种幼鹿，才能不断提高饲养鹿群的质量和数量。因此，在养殖过程中应重视幼鹿的饲养管理，其饲养管理水平的高低，关系到仔鹿的成活率以及以后生产性能的好坏，直接影响生产的经济效益和鹿业发展。

一、幼鹿的生长特点

幼鹿主要分为 3 个时期，即 3 月龄前（断乳前）的仔鹿称为哺乳仔鹿；断乳后至当年年底阶段称为离乳仔鹿；离乳仔鹿转入第二年则为育成鹿。

1. 幼鹿的生长发育规律与其他动物基本相同，在机体中，神经是生命最重要的部分，最早发育，其次才是骨骼、肌肉和脂肪的发育。幼鹿体重的发育具有不平衡性，其体重的增长在胚胎后期和哺乳的初期出现了两次高峰。而幼鹿增长最快的时期为初生到 1 月龄，之后体重增长的速率逐渐降低，由此可见，幼鹿生长早期发育迅速，后期减慢。

2. 幼鹿的体形发育也具有不平衡性，主要取决于骨骼发育的情况，其在胚胎期时四肢骨的生长速度要优于主轴骨的生长速度，因此初生仔鹿具有腿骨长，后驱高和坐骨宽度发育较迟缓的特点；仔鹿出生后，体尺各部位的生长强度也不一致，体高是早期生长部位，体长和体深次之，体宽则最晚生长。

3. 幼鹿瘤胃的发育。仔鹿出生时，瘤胃所占整个复胃的体积非常小，第一胃和第二胃（即瘤胃和网胃）仅占4个胃总体积的1%左右；30~40日龄时占到58%；3月龄时占75%，1岁时基本完成了瘤胃的发育，因此在这个时期应注重瘤胃的训练，特别是要进行耐粗饲鹿的选育。

二、影响幼鹿生长发育的因素

幼鹿生长发育主要由营养、饲养条件以及环境等方面来决定。影响幼鹿生长发育的因素中，以营养水平的影响最大。幼鹿的营养水平高，幼鹿的生长发育加快，身体各部分能得到充分发育；反之，在低的营养水平下，则生长发育迟缓。对幼鹿的营养水平控制在适宜为最好，在哺乳期喂大量的奶，既不利于瘤胃的发育，也不经济。由于幼鹿机体各部分的生长发育强度不同，对体高体长的影响较小，而对胸围、腹围、体重等的影响则较大，因此若幼鹿的饲喂营养水平低而对生长发育水平所造成的影响，在后期改善饲养水平后会得到一定程度的改善。

幼鹿的生长发育旺盛，很有可能会出现营养不足的情况。因此，应根据幼鹿的生长状况合理进行补饲。同时，在断奶后要按照幼鹿的性别、体质强弱、个体大小等情况分成小群饲养。要让幼鹿和人经常接触，喂料和给水时给予一定的口哨和吆喝声，使幼鹿形成固定的条件反射，保证仔鹿的性情稳定。可以说饲养管理水平的高低对马鹿幼鹿生长发育的快慢起着至关重要的作用。

三、幼鹿生长发育期的营养要求

幼鹿生长发育期内生长速度快，强度大，营养物质代谢旺盛，需要量多。幼鹿发育初期主要是维持骨骼和部分内脏器官的发育，而后期则以肌肉发育和骨骼沉积为主。因此，在生长发育的 1~3 月龄，必须保证营养物质全价、能量蛋白质以及钙磷比例适当；4~5 月龄注意蛋白质类饲料的供给，适当增加能量饲料。由于幼鹿消化道容积小，消化机能弱，对饲粮的营养浓度要高，并且要容易消化。2~3 月龄母鹿每天需要可消化蛋白质 100~105 克，2~3 月龄公鹿每天需要可消化蛋白质 110~120 克，断乳后至 4 月龄每天需要 120~125 克。哺乳期每天需钙 4.2~4.4 克，磷 3.2 克；育成期每天钙需要量为 5.5~5.6 克，磷 3.2~3.6 克。此外，也应注意维生素 A 和维生素 D 的补充，不足时会出现相应的缺乏症。

特别是哺乳期，应增加对仔鹿的补饲。此期幼鹿的生长发育非常迅速，特别是在哺乳中后期，母乳乳汁中的营养物质已经完全不能满足幼鹿的发育需求，若不及时进行补饲则会造成生长发育不良的症状。另外，通过补饲还可以锻炼幼鹿的消化机能，促进肠道等消化器官的发育，使其能顺利地过渡到下一个生长阶段。

四、幼鹿生长期饲养管理要点

幼鹿正值强烈的生长发育阶段，生长发育速度快，运动强度大，能量代谢旺盛，其体重、体长和各种身体机能均发生很大变化，因此，科学合理的饲养管理条件是培育出体大、健壮、耐粗饲及抗病能力强个体的重要保证。幼鹿的饲养管理主要分为哺乳仔鹿、离乳仔鹿和育成鹿 3 个时期。

（一）哺乳仔鹿的饲养管理

初生仔鹿各方面的身体机能都不健全，消化系统也不完善，特别是瘤胃还没完全发育，胃内微生物区系尚未建立，胃蛋白酶的分泌量少，所以，哺乳期仔鹿只能利用胃内此时分泌较多的乳糖酶，消化吸收母乳中的乳糖、葡萄糖及乳蛋白来获取身体所需的营养物质。另外，哺乳期的仔鹿免疫力低下，抗病能力弱，胃酸分泌量少，易引发各种疾病，造成营养不良。因此，此期的重点是初生仔鹿的护理和饲养管理。

1. 初生仔鹿的护理

仔鹿（图5-1）刚出生时，母鹿会主动舔食仔鹿身上的黏液和羊水，促进仔鹿的血液循环，加速体表干燥，此时，人不可上前干扰，防止母鹿弃仔现象的发生。但有些母鹿（如初产母鹿、有咬仔鹿恶癖的母鹿）不对仔鹿进行护理，应立即人工清除口及鼻孔中的黏液及断脐带，防止初生鹿因体热散失较快，引起衰弱和疾病窒息致死，剪断脐带后应用碘酒消毒，防止感染。平时要注意仔鹿周围器具和垫草的消毒，早春出生的仔鹿应做好防潮保暖工作。

图5-1 马鹿仔鹿

初乳对仔鹿的健康和发育具用非常重要的作用，饲养过程中及时哺喂初乳，吃上3~4次后进行标号登记。仔鹿出生20分钟左右就能起立寻找乳头，这时应保证仔鹿能吃到初乳，最晚不超过仔鹿出生 10 小时内。仔鹿由于各种原因无法吃到初乳时，可以进行人工哺乳，方法是挤出母鹿或牛、羊的初乳后哺喂仔鹿，日喂量可到仔鹿体重的 1/6，每日哺喂量不低于 4 次。若母鹿产后患病或死亡，且无初羊乳或牛乳时，可人工配制初乳。第一周应喂食健康牛或羊的初乳（将低温保藏的初乳用温水加热后喂给仔鹿，不能煮沸），第二周后则可喂牛羊的常乳或者乳粉，也可人工配制乳汁。人工乳汁配制方法：鲜牛奶 1 000 毫升，鸡蛋 3 ~ 4 个，鱼肝油 15 ~ 20 毫升，沸水 400 毫升，食盐和葡萄糖适量，牛奶过滤煮沸后，放置降温，至 50 ~ 60℃时，再将打散的鸡蛋和鱼肝油倒入，搅拌均匀，盖上纱布备用，可用消毒过的奶瓶盛奶喂食。

若产后母鹿奶量不足或者是母鹿有弃仔、扒仔等不正常母性行为时，就需要给初生仔鹿找代养的母鹿，要求保姆鹿产仔期在 3 天以内，以性情温顺，母性强，产奶量高者最为合适。寄养仔鹿时，将保姆鹿先放入小圈内，后放入待寄养仔鹿，如果母鹿不扒、不咬，且前去舔仔鹿时，则可判定保姆鹿接受寄养仔鹿。寄养期内，体况较弱的仔鹿吮吸有困难时，需要进行人工辅助哺乳，同时应控制保姆鹿所产仔鹿的吮奶次数及时间，以保证寄养仔鹿的母乳供应量。双胎仔鹿往往比单胎仔鹿弱小、有的一强一弱，也应该按照仔鹿代养的方式饲养。

若是有下列情况找不到代养的母鹿，则需要人工哺乳，如母鹿产后无乳、少乳或者生病、死亡的、恶癖母鹿母性不强的、初生仔鹿体弱不能站立吃乳的等等。人工哺乳方法：先将经过消毒的初乳或常乳装入清洁的奶瓶中，安上奶嘴，待冷却至 36 ~ 38℃时，用手把仔鹿头部抬起固定，将奶嘴插入仔鹿口腔中，压迫奶嘴使乳汁慢慢流出，防止乳汁呛入仔鹿的气管中。人工哺乳时要用湿布擦拭仔鹿肛门周围或拨动鹿尾，使其排出胎粪，防止仔鹿因排泄障碍而导致死亡。人工哺乳最好在哺乳室或单圈内进行，乳汁、乳具要彻底消毒，防止乳汁发生酸败，做到定时、定量喂乳。人工哺乳时应注意以下事项：a. 所有的乳汁及乳具均需严格消毒；b. 定时定量定温哺乳；c. 30 日龄前适当添加鱼肝油和维生素，以促进仔鹿的生长发育；d. 定期在乳中加入抗生素类药物预防肠炎等疾病；e. 提早训练仔鹿采食饲料，以便能及时的断奶；f. 要引导仔鹿自行吸吮，不应硬灌和惊吓，防止乳汁进入瘤胃造成消化不良。哺乳时要人工协助排粪，并注意观察哺乳仔鹿的食欲、采食量、粪便和健康状况，发现问题及时进行处理。并且要训练仔鹿提早进行采食精饲料和粗饲料，结合哺乳对仔鹿进行调教，不可与之顶撞相戏，防止养成恶癖。

2. 哺乳仔鹿的饲养与管理

产仔哺乳期，鹿场应该将母鹿舍互相联通，将母鹿群分为产前、待产和产后 3 组。临产母鹿进入待产母鹿圈产仔，产后使仔鹿吃到初乳，之后一起转入产后母鹿圈，这样既可以保证母鹿产仔时不受干扰，便于记录和及时发现并处理难产等问题，同时能够保证仔鹿吃到初乳，防止大龄的仔鹿偷奶和有恶癖的母鹿咬伤仔鹿。产后圈内设仔鹿保护栏，可以保证仔鹿的安全，保护栏建议最好设在西北侧的高地，利于采光和保温，保护栏各栏间距15 ~ 16 厘米为宜，太宽或太窄都不利于仔鹿的安全。保护栏内保持清洁干燥、并铺上干垫草，为仔鹿创造一个干燥、温暖、舒适的环境。仔鹿在 15 日龄左右开始采食饲料，并出现早期反刍现象。但此时仔鹿的消化能力很弱，并且抗病力也较低，容易发生胃肠疾病，特别是误食不干净的草料和粪块后容易发生仔鹿白痢。因此，应该做到每日清扫圈舍，定期更换垫草，并在保护栏内设立料槽进行补饲。在管理过程中饲养管理人员要精心护理仔鹿，抓住仔鹿可塑性大的特点，随时调教驯化，使仔鹿不怕人，注意发现和培养骨干鹿。

随着仔鹿日龄的增长，母乳中提供的营养物质无法满足仔鹿的营养需要量，应进行补饲，以促进仔鹿消化器官的发育和消化能力的提高，利于仔鹿离乳后适应新的饲料条件。20 日龄后的仔鹿，应在保护栏内放入料槽和水槽，以给仔鹿补饲饲料。补饲的饲料为：豆粕 60%（或豆饼 50%、黄豆 10%）、高粱或玉米 30%、细麦麸 10%，食盐、碳酸钙和仔鹿添加剂适量。用温水将混合精饲料调成粥状，初期每日补饲一次，之后逐渐增加次数和补饲的饲料量，要防止饲料腐败变质，仔鹿食后生病。同时，结合补饲应该有目的性地对仔鹿进行驯化，搞好卫生及防疫工作。勤观察仔鹿群的状态，及时能够发现和解决问题。

（二）离乳仔鹿的饲养管理

为了使产仔母鹿尽快恢复体质，集中发情和配种，无论母鹿何时产仔，8 月 20 号必须进行强制性断奶。断奶方法是赶母留仔。此期的饲养要点如下。

1. 离乳前的驯化

仔鹿断乳之前应通过补饲来补充母乳中营养物质的不足。有目的性的补饲多种粗饲料，逐渐增加其采食的数量，以促进仔鹿消化道的发育，提高对粗纤维的消化能力，增强仔鹿离乳后对饲粮的适应能力。同时，结合给仔鹿补饲和母鹿采食精料的机会，可以驯化仔鹿与母鹿的分离，以便达到安全分群的目的。

2. 仔鹿离乳的方法

在 8 月 20 号统一强制性断乳分群，离乳方法主要采用调离母鹿，而仔鹿仍留在原圈舍的方法。

3. 离乳仔鹿饲养管理要点

刚断乳时仔鹿鸣叫不安，采食量大减，3~5 天才能恢复正常，因此，离乳后的仔鹿需要耐心的护理，使仔鹿能够顺利度过独立生活的一段适应期。饲养员要经常进入圈舍呼唤和接近鹿群，加紧人工调教工作，缓解仔鹿焦躁不安的情绪，使其尽快适应新的环境和饲料条件。离乳仔鹿消化器官尚未发育完全，特别是出生晚、哺乳期短的仔鹿不能快速的适应新的饲料条件，因此，离乳仔鹿的日粮应由营养丰富、容易消化的饲料组成，特别是要选择哺乳期内仔鹿习惯采食的饲料，严禁饲喂腐败变质、酸度过高、水分过大、沙土过多的饲料，以预防代谢性疾病和消化性疾病的发生。仔鹿日粮应精心配制，逐渐加量，少量多次的方法；通过观察仔鹿采食和排粪情况，判断仔鹿对某种日粮的偏好性及消化代谢情况，随时调整日粮精粗比和日粮饲喂量；继续加强驯化，克服野性，减少伤亡；搞好卫生及防疫工作；冬季要注意防寒保暖，确保仔鹿能够安全越冬。

仔鹿进入入冬季节后，应供给一部分青贮饲料和其他维生素含量丰富的多汁饲料，并注意矿物质的供给，必要时可喂给维生素和矿物质添加，防止佝偻病的发生，在日粮中添加食盐 5～10 克，碳酸钙 10 克左右，能收到很好的效果。

仔鹿断奶 4 周后，在舍内驯化的基础之上，每天先舍内后走廊，坚持驯化 1 小时，之后逐渐加深驯化程度，尽快达到人鹿亲和，保证鹿群的稳定，能够有效减少幼鹿伤亡事件的发生。保持舍内及饲料、饮水的清洁，达到舍内无积粪、无积雪。特别是越冬期更要保持圈内的干燥，垫上干草或干软的树叶，保暖防寒，让幼鹿伏卧在垫草上休息，确保能够安全过冬。

（三）育成期仔鹿的饲养管理

离乳仔鹿转入第二年即为育成鹿，育成期大约为一年。这个阶段幼鹿生长发育旺盛，其体重、体长和消化系统都达到一个快速发育的状态，能够独立地进行采食，适应环境能力强，是从仔鹿到成年鹿过渡的时期，此期饲养管理的好坏决定成年后的生产性能。因此，在日常饲养管理中，应根据其生长发育特点，有目的性地培育体质优良、生产力高、耐粗饲、抗病力强的理想鹿群。

1. 饲养水平上，由于在育成初期其瘤胃发育尚不完善，胃内容量不能完全保证采食足够的青粗饲料，因此，1 岁后的育成鹿仍然需要适当补饲精饲料。保持日粮中合理的蛋白和能量水平，精饲料的饲喂量应视粗饲料的质量而定，育成期马鹿精饲料的量为 1. 8 ~ 2. 3 千克/天。饲喂精饲料过多，会影响消化器官特别是瘤胃的发育，进而降低对青饲料的适应性；精饲料过少则不能满足育成鹿生长发育的需要。舍饲育成鹿的基础饲料是树叶、青草，以优质树叶最好。育成早期不宜饲喂过多的青贮饲料，青贮料替换干柳叶的比例视青贮料的含水量决定，水分含量在 80% 以上时，比例为 2：3，但早期不宜过多食用青贮料，否则由于瘤胃容量不足，有可能影响生长发育。后备的育成公鹿应限制容积大的粗饲料、多汁饲料及秸秆的饲喂量；母鹿到 18 月龄后即可进行初配，此时再供给充足的优质粗饲料，基本能够满足营养需要，但如果粗饲料品质差则应补充适量的精饲料，以满足生殖器官发育的营养需要。

2. 管理水平上，育成鹿处于幼鹿向成年鹿的过渡阶段，公、母仔鹿合群饲养时间以 3 ~ 4 月龄为限，以后由于公、母鹿的发育速度、生理变化、营养需求等不同必须分开饲养。一般在 3 月底前，按照性别和体况对育成鹿进行分群饲养，并养在能够充分运动、休息，采食面积大的圈舍内。育成母鹿初配期的确定，当育成鹿达到配种年龄时，配种期满 18 个月的育成马鹿可参加配种，配种前一个月左右，必须加强饲养管理，提高日粮水平，使雌鹿在配种期能达到标准的繁殖体况，提高繁殖率；育成期雄鹿应制止个别个体出现早熟爬跨行为，消耗体力，甚至造成直肠穿孔，影响正常的发育。在气候骤变、雨后初晴时表现更为强烈，因此饲养员应注意看管，及时制止个别早熟鹿的乱配。处于越冬期的育成鹿，体躯小，抗寒能力仍然较差，应采取必要的防寒保暖措施并提供优越的饲养管理条件，特别是北方地区，更应积极采取防寒措施，堵住墙壁上的风洞，尽量使鹿群避开风口和风雪袭击，以减少体热的散失，降低死亡率。育成期的鹿处于生长发育阶段，可塑性大，应该加强运动增强育成鹿的体质，圈养鹿必须保证每天轰赶 2~3 小时。圈养舍饲的育成鹿，虽然已经具有一定的训话程度，但已经形成的条件反射尚不稳定，遇到异常状况时容易惊恐炸群，因此要加强驯化，建立新的条件反射，增强对各种复杂环境的适应能力。放牧饲养的育成鹿群，虽然驯化程度较高，但仍然脚轻善跑、易惊恐，可结合放牧继续深入调教驯化。

五、幼鹿的饲料配制

幼鹿饲料的配制应根据幼鹿生长发育特点和消化代谢能力合理地搭配饲料。由于鹿是反刍食草动物，故饲粮应以粗饲料为主，精饲料为辅。鹿可利用的饲料种类繁多，按营养特征可分为粗饲料、青绿饲料、青贮饲料、能量饲料、蛋白质饲料、矿物质饲料、维生素和添加剂饲料八大类。粗饲料主要包括干草、树叶类、糟渣类等。青绿饲料不要包括青刈玉米、青刈大豆、紫花苜蓿、天然牧草和新鲜嫩枝叶等。青贮饲料是北方地区春夏和秋冬青饲料的主要来源。能量饲料包括谷实类、糠麸类、块根、块茎、瓜果类等。蛋白质饲料包括饼粕类和动物性蛋白饲料几类。大豆饼和豆粕是鹿常用的植物性蛋白饲料，粗蛋白质含量为46%~56%，总能为 19~21 兆焦/千克。大豆饼粕中的赖氨酸、精氨酸、色氨酸、苏氨酸、异亮氨酸等必需氨基酸的含量高，而蛋氨酸含量低，与玉米配伍可发挥氨基酸的互补作用。鹿常用的豆科籽实包括大豆、黑豆、豌豆等，以大豆为主。生大豆含有抗胰蛋白酶等有害物质，因此，必须经过热处理后熟喂。大豆含有的天然蛋白质在瘤胃中降解率较高，可通过加热或化学处理加以保护，以降低优质蛋白质在瘤胃中的降解率。矿物质饲料包括食盐和无机钙、磷平衡饲料。养鹿中常用的是粗食盐，实践中也可以用食盐作载体，配制微量元素预混料或食盐砖，供鹿舔食。在缺硒、铜、锌地区，还可以分别配制含相应元素的食盐砖等。生产中多以磷酸钙和磷酸盐为原料，按一定比例配制而成无机钙、磷平衡料，以满足鹿对钙、磷的营养需要。鹿常用的饲料添加剂有：矿物质元素添加剂、维生素添加剂、氨基酸添加剂、非蛋白氮（NPN）添加剂、生长促进剂、饲料保存剂和中药添加剂等。粗饲料可选用优质苜蓿、玉米秸秆等均可，铡成 2～3 厘米，含水量 50% 左右；精饲料则可选用豆粕、玉米等经熟化后再搭配适量鱼粉、麸皮、食盐、碳酸氢钙及微量元素、维生素等。

（一）哺乳仔鹿的饲料配制

这期的仔鹿处于母乳喂养阶段，但后期母乳中的营养不足以支撑幼鹿的发育，因此，应该进行一定的补饲。将吃过初乳 3～5 天的幼鹿与母鹿隔离，每天饲喂 6 次，持续 10～15 天后减至每天 5 次，再过渡 15～20 天后，减至每天 4 次；45～50 天后，根据幼鹿生长发育状况，哺乳可减至每天 3 次，直至幼鹿整群为止。具体补饲日粮如下：精料中豆粕 60%，玉米 30%，麸皮10% 或高粱面 10%，再加入少量食盐、骨粉、复合维生素等添加剂。

（二）离乳仔鹿的饲料配制

离乳后的幼鹿处于早期育成阶段，饲养条件的好坏决定了其生长发育的速度，故此期应给予丰富的营养，促进其发育，在饲喂量上应逐渐增加饲料的投放量，切记不可一次投喂过量的饲料。刚断奶时，每头鹿每天补饲精料 0.4 ~ 0.5 千克，随着日龄的增加，根据仔鹿的采食情况，3 ~ 4 天增加一次，每次增加 50 ~ 100 克，直至增加到 0.8 ~ 1.0 千克。精料的组成如下：玉米和麸皮 55%，棉粕、豆粕、葵花籽饼 45%，磷酸氢钙 10 克，鱼粉 10 克，食盐 10 克，日粮中蛋白质水平不低于 22%，需另喂补充适量的维生素和矿物质等添加剂，如维生素 AD、干酵母和乳酸菌素片等。

第六章 成年公马鹿的饲养管理

一、成年公马鹿生茸期特点、
营养需要及饲养管理

1. 成年公马鹿生茸期特点

马鹿的生茸期在每年的 3～8 月，此期是获得鹿产品的重要时期。公鹿生茸期的生理特点是性欲消失，睾丸萎缩，食欲增进，代谢旺盛，鹿的体重不断增加，鹿茸生长迅速。马鹿于 3 月中下旬开始脱盘生茸，5～6 月为成年公鹿长茸盛期，6～7 月为 2～3 岁公鹿的生茸盛期，7～8 月为生茸后期和再生茸生长时期。一般公鹿脱盘长茸 40 天左右为二杠茸，70 天左右为三权茸。平均日增茸在 40 克左右。

2. 成年公马鹿生茸期营养需要

公鹿的生茸期正值春夏季节，公鹿在此期内其新陈代谢旺盛，所需要的营养物质增多，鹿的采食量大。此阶段饲养的好坏，则会直接影响到鹿茸的生长。公鹿生茸期需要大量的蛋白质、无机盐和维生素。为满足公鹿生茸的营养需要，不仅要供给大量精饲料和青饲料，而且还要设法提高日粮的品质和适口性，应当增加精饲料中豆饼和豆科籽实的比例。但含油量高的籽实（如大豆），喂量不宜过多，并应当熟喂，因为反刍动物对脂肪的消化吸收能力差，大量的脂肪在胃肠道内与饲料中的钙起皂化作用，形成不能被机体吸收的脂肪酸钙，从大便中排出，造成浪费。有时还会造成新陈代谢紊乱，严重的造成钙缺乏，易引起鹿茸生长停滞，甚至萎缩。为提高大豆籽实的营养价值和消化率，可将大豆磨成豆浆，调拌精料饲喂。另外，在生茸期应供给足够的青割牧草、青绿枝叶和优质的青贮饲料。在日粮组成上要采取多样、全价。精料要由多种饲料混合组成，其中，豆饼应占40%～55%，禾本科籽实占30%～40%，糠麸类占10%～20%。其精料喂量为：马种公鹿每天每只1.8～2.0千克，生产公鹿为1.6～2.0千克，二锯到四锯马公鹿为1.6～1.8千克。在生茸期，舍饲公鹿每昼夜应饲喂3次，并要尽量延长每次间隔时间。每次要先喂精料，后喂粗料。增加精料时需十分谨慎，并要缓慢进行，以保持其旺盛的食欲，防止因加料过急而发生顶料。在增加精料的同时，应当供给足够的优质青粗饲料。3～6月，每日喂2次青贮饲料，1次干粗料；6～8月，每日喂2次青饲料和1次干粗饲料。放牧的公鹿每天上、下午各出牧1次，每次归牧回来时应补给予适量的精饲料。此外，在生茸期供水一定要充足。水槽内任何时间都要有足够而清洁的饮水。同时还要补饲食盐，一般马鹿每日每只给25克。盐除了直接放入精饲料中外，还需设有盐槽，7天左右往盐槽内投放一定量的食盐矿物质供鹿舔食。

3. 成年公马鹿生茸期饲养管理

在进入生茸期之前，应清除圈舍内的墙壁、门、柱脚等处的铁钉、铁线、木桩等异物防止划伤鹿茸。不同年龄公鹿的消化生理特点、营养需要、代谢水平、脱盘早晚和鹿茸生长发速度都不同，因此应将公鹿按年龄体况分群，以便日常管理和掌握日粮水平。自公鹿脱盘起，饲养人员应当随时观察记录每只鹿（分左、右枝）的脱盘生茸等情况，遇有角盘压茸迟迟不掉的，要及时去掉。遇有好咬茸扒架的恶癖鹿要及时制止并看管住，或将恶癖鹿单独管理。进入生茸期以后要加强管理，否则也会对鹿茸的生长、产量及品质产生不良影响。进入生茸期值班人员、饲养人员要及时记录公鹿角盘脱落的时间及鹿茸生长发育情况，同时掌握鹿茸的生长速度，做到适时取茸，因为如果取茸过早影响产量，取茸过晚则鹿茸骨化，影响茸的品质。对个别新茸已经长出但角盘却没有脱落的，应人工将角盘去掉，以免防碍鹿茸生长。为防止公鹿因惊吓炸群而损伤鹿茸，在整个生茸期要保持环境的安静、谢绝外人进场参观。本圈饲养人员进圈时，也要先给信号，不要做突然的动作，并且要形成一个有规律的饲喂、清扫时间，给公鹿生茸创造一个良好的食息环境。有条件的鹿场尽可能小群饲养，每群以 20 头左右为宜。由于鹿的生茸期经过炎热的夏季，所以鹿的运动场地要设置遮阳棚，改善舍内湿度及通风条件，积水及剩余饲料残渣要及时清除。加强卫生管理，对圈舍、运动场及饲喂用具要经常打扫，定期消毒，避免公鹿因感染疾病而影响茸的产量和质量。夏季要在运动场内设置荫棚，遇有高温炎热天气，适时进行人工降雨，随时改善舍内的湿度和通风条件。当三权茸快要长成，而群体大饲槽显得窄缺时，用铁叉上青贮饲料时注意别扎伤抢食鹿的鹿茸。

在整个生茸期饲养人员要随时注意观察鹿群，观察鹿的精神状态，采食及反刍情况，观察鹿的走路姿态、排泄及呼吸是否正常，做到有异常情况及时发现及时处理，避免因延误病情而造成生产上的损失。

二、成年公马鹿配种期特点、营养需要及饲养管理

1. 成年公马鹿配种期特点

鹿的发情期在 9 月中下旬至 11 月中上旬，丰富的营养条件和特定的自然光照规律，促使鹿的生殖机能由静止逐渐恢复发展到成熟阶段。生理特点的变化决定了鹿特殊的行为表现，因此，

在生产上也应采取相应的饲养管理措施，以达到提高马鹿的繁殖率，减少伤亡，促进养鹿生产的目的。

（1）公鹿的行为与管理

求爱行为　公鹿的发情期比母鹿早半月以上，在发情季节，食欲下降，睾丸明显增大，泪窝扩张，副性腺、泪腺等分泌增多，通过这些外激素的气味刺激，诱发母鹿发情。同时脖颈增粗，常昂头吼叫，传播求偶信息，招引母鹿。

处于优势地位的公鹿都圈占一定数量的母鹿，在它的势力范围内不允许其他公鹿介入，也不允许母鹿离群。当有个别母鹿溜边离群时，公鹿紧追其后，头颈前伸，发出"哼哼"的声音，驱赶母鹿回群。

公鹿在母鹿群内，舔母鹿唇及眼等处，常跟在母鹿身后，头颈前伸，用鼻嗅闻，用舌舔母鹿外阴，且两前肢离地，试图爬跨，通过母鹿的反应来判定母鹿是否处于发情期。若母鹿没有达到发情旺期，拒绝公鹿爬跨，公鹿就再去寻找其他发情母鹿。

公鹿在求偶过程中，性欲旺盛，阴茎在包皮内外来回抽动，并伴随尿液和副性腺分泌物的排出，有时将尿液抽射到腹部，有的公鹿还用前蹄刨地或喜欢在泥水中滚浴。

公鹿为了求爱和圈鹿，常消耗大量的体力，造成体质过度消瘦，精液品质下降。因此种公鹿不宜过早同母鹿混群，最好在母鹿集中发情旺期前一周左右合群。也可选择体质健壮，性欲旺盛，性情温顺的公鹿试情。当试情公鹿揭发出发情母鹿后，再换入种公鹿交配，也可将发情母鹿从群内拨出与种公鹿单独交配或进行人工授精。这样可减少种公鹿的体力消耗，使其能保持旺盛的精力，确保配种质量。试情公鹿也应单圈词养，加强营养以保证有旺盛的性欲和体力。

交配行为　母马鹿于发情期旺期接受公鹿爬跨，此时公鹿两前肢抬起，搭在母鹿背上，头前伸，靠在母鹿颈部，前胸压在母鹿背腰部，躬身，后躯直立、前挺。阴茎始终伸出包皮，探寻母鹿阴门。经验少的公鹿要反复爬跨、探寻数次才能将阴茎插入阴门。当公鹿阴茎插入阴道时，两前肢向下用力抱住母鹿肋部，后躯猛地前挺而射精。有时随着射精将母鹿撞出，公鹿前肢落地，交配结束。交配过程只在一瞬间内完成。通过以上行为序列可以判定公母鹿是否达成交配。

公鹿在交配结束后，显得有些疲惫，需休息几十分钟，再继续追逐其他母鹿。

由于公鹿在发情期消耗较多的体力，因此为使公鹿及早恢复体质，安全越冬且不影响第二年产茸，不仅要在配种期加强种公鹿的营养，供给蛋白质含量高的优质精、粗饲料，还应做到适时结束配种。否则，配种期过长，公鹿体力消耗大，体质瘦弱，难以御寒越冬。而且母鹿产仔不集中，夏秋雨季产的幼仔体质差，难以适应湿度大、昼夜温差大的气候条件，成活率低，浪费人力物力，配种期应在 11 月上旬结束。

攻击行为　发情时，常昂头吼叫，不在同圈的鹿也以鸣叫的音量大小相互抗衡，来显示其地位与雄壮。邻圈鹿也常在围栏边游走、磨角，作进攻顶撞姿态，相互示威。同圈公鹿以昂头瞪眼，斜躯漫步踏足，或突然低头伸颈向对方冲跑进行威胁。若对方怯阵，快步跑开，可避免一场争斗；若对方不甘示弱，则双方摆开阵式，前肢稍叉开，伸颈低头，全身的力量集中在头和四肢上，以角盘或骨化角为武器你推我顶。几个回合后，一方败阵逃脱或被顶倒，胜者仍寻找机会攻击败者，直至对方彻底服输为止。有时造成两败俱伤。越是阴雨天，相互间争斗越激烈。因此，在配种季节前，要做好公鹿的分群工作。

选择年轻体壮、性欲旺盛、体质体型好、精液品质好且产茸质好量高的公鹿为种公鹿，单圈饲养。要求营养全价，供给优质青绿饲料，随意采食，并供给胡萝卜、大葱等催情饲料，促进发情。

　　生产群的公鹿（非配种公鹿）以 20 ～ 30 头一群为宜。为减少公鹿在配种期相互争斗，应控制生产群公鹿的发情，降低营养水平，以青粗词料为主，少喂或停喂精料，降低公鹿膘情，也可使用有关药物等控制公鹿发情。

　　在配种期内，要加强对生产群公鹿群的管理，特别是阴雨天要设专人值班，发现公鹿间有争斗现象时立即将它们驱散、分开，并将群内个别爱争斗、攻击性强的公鹿拨出。在配种期前将全部公鹿再生茸扫茬，避免因互相争斗引起伤亡。生产公鹿群应远离母鹿群或在其上风头，以减少母鹿对公鹿的刺激。

　　配种季节，公鹿群内的等级地位相互明显，各圈中只有"王鹿"有权力昂头吼叫，其他序位低的鹿则不敢，这是公鹿间通过示威、追逐、攻击而确立的。

　　序位高的鹿具有在采食及交配上的优先权，是群内的优胜者。而序位低的鹿往往惧怕比自己序位高的鹿，看到它们来临且对自己有威胁时，就主动回避，躲到圈舍边缘。有些序位低的公鹿会受到其他鹿的追逐、爬跨，甚至造成穿肛现象，从而引起更多的鹿的好奇、追逐、爬跨，造成伤亡，应及时将这样的受害鹿拨出组群。

　　群公群母合圈情况下，处于优势序位的公鹿占有较多的母鹿，不断驱赶近前的其他公鹿，撵回要离群的母鹿。序位低的公鹿被赶到远离母鹿群的墙角边缘，甚至有的公鹿会受到母鹿的攻击、扒打而被赶跑。

　　虽然序位高的公鹿有更多的机会与母鹿交配，但由于经常驱赶其他公鹿，撵回离群母鹿，精力有限，往往在它照顾不到的情况下，被序位低的公鹿与发情母鹿"偷配"成功。因此，为避免公鹿在母鹿群中为争偶发生的争斗，避免杂交乱配，充分发挥优秀公鹿的作用，提高繁殖率和鹿群质量，应改变落后的群公群母的配种方式，采用单公群母、单公单母或人工授精的技术措施，加强繁育工作，做到专人负责，仔细观察，认真详细地记录。

公鹿群内的优势序列不是一成不变的，当有新的公鹿进入群内或重组鹿群时，都会引起鹿群的骚乱。配种期内重组鹿群，公鹿间会因排序而发生激烈争斗。当有新的鹿进入已确立了优势序列的鹿群时，先由原来序位低的鹿与之较量，若新来的鹿失败，就被排到序列之后，若新来的鹿胜利，则由原来序位较高的鹿再与之抗衡，甚至由王鹿出面与之拼搏而达到重新确定鹿群优势序列。为排序列和争偶发生的争斗，是配种期鹿伤亡的主要原因，往往影响公鹿的安全越冬。所以在配种期应尽量保持鹿群的稳定，不随意拨入公鹿或经常变动鹿群。

2. 成年公马鹿配种期营养需要

公鹿的配种期为9月中下旬至11月中上旬。公鹿在此时段性欲冲动强烈，食欲急剧下降，争偶顶撞严重，所以公鹿在此时段，其能量消耗大，据测定，在良好的饲养管理条件下，成年公鹿在配种期体重平均下降18.12%，参加配种的种公鹿每天配4只母鹿，半月内其体重可下降20%左右。此时不是所有的公鹿都参加配种，因此，对种用公鹿和非种用公鹿应在饲养管理上区别对待。对种公鹿，要求保持中上等膘情，公鹿要健壮、活泼、精力充沛和性欲旺盛。所以，此期要加强饲养，在日粮配合时，应当选择适口性强，含糖、维生素、微量元素较多的青贮玉米、瓜类、胡萝卜、大葱和甜菜等青绿多汁饲料和优质的干粗饲料。精料要由豆饼、玉米、大麦、高粱、麦麸等配合而成，要求能量充足，蛋白质丰富，营养全价。精饲料日喂量：种用马鹿为1.0~1.4千克，种用马鹿1.7~1.9千克。对非种用公鹿，要设法控制膘情，降低性欲，减少争斗，避免伤亡，并为安全越冬做好准备。所以，在配种期到来之前，可根据鹿的膘情和粗饲料质量等情况，适当减少精饲料喂量，必要时可停喂一段时间精饲料，但要保证供给大量的优质干粗饲料和青饲料。无论是减少精料喂量，还是停喂精料，都必须保证有一个健康地体况和一定的膘情，以确保安全越冬，不影响下一年的生产。

3. 成年公马鹿配种期饲养管理

在发情配种期内，成年生产公鹿性欲旺盛，经常互相追逐与角斗，食欲显著减少，体重则很快减轻，体质下降；种公鹿每天频繁的性冲动、赶圈、爬跨、吼叫等，消耗体力更大。所以，对发情配种的公鹿应当时刻注意观察，精心管理，损失一只公鹿比一副茸的价值大得多。配种期的管理技术，应把公鹿分成种用、非种用、头锯二锯和幼龄儿类分别进行管理。加强对种公鹿的管理，采用单圈单养，以减少伤亡，保证配种。对于非种用公鹿，应及时拔出个别体质膘情较差的，也要单独组群加强管理。每日要随时注意检修圈门、围栏，严防串圈跑鹿，并要检修舍内各种设施，平整地面，使之无积水。运动场要经常进行打扫消毒，消除异物，防止发生坏死杆菌病。不要轻易拔动鹿群，及时拔出配种群和生产群中体弱患病的公鹿组成小群或隔离群，并给予特殊地护理和治疗。在配种期，公鹿群都要有专人看管，除注意观察发情配种情况和做好配种记录之外，还要及时制止公鹿间顶架或公鹿间性行为。为防止公鹿顶架后立即饮水，应及时盖上饮水锅或饮水槽，以防止发生异物性肺炎。配种期凡是大公鹿群的饲养人员，要同时两人以上进圈饲喂，遇到顶人的鹿或种公鹿，不得鞭打或棒打，以防止人鹿伤亡事故的发生。

三、成年公马鹿越冬期特点、营养需要及饲养管理

1. 成年公马鹿越冬期特点

此期公鹿的生理特点是公鹿性活动停止，公鹿的活动量较少，食欲和消化机能相对提高，热能消耗较多，并为生茸储备营养物质。

2. 成年公马鹿越冬期营养需要

公鹿的越冬期包括配种恢复期和生茸前期两个阶段。此期一般是从 11 月中旬至翌年 3 月末之间，此期正值冬季和初春。

（1）配种恢复期的营养需要

经过 2 个月的配种，其体重出现明显下降，体质瘦弱，胃容积明显缩小，缩腹。非配种公鹿体重也会有所下降，体重比秋季下降 15% ~ 20%，此期公鹿的生理特点是：性活动逐渐低落，食欲和消化机能相应提高，热能消耗较多。根据这一特点，在日粮配合时，要求逐渐加大日粮容积，提高热能饲料的比例。因此，日粮要以粗饲料为主，精饲料为辅，同时必须供给一定数量的蛋白质饲料或非蛋白氮饲料，以满足瘤胃中微生物生长繁殖的需要。在精饲料中，蛋白质饲料占 20% 左右为宜，精饲料日喂量马公鹿为 0.8 ~ 1.2 千克，马鹿为 1.2 ~ 1.8 千克。

（2）生茸前期的营养需要

鹿到 12 月后性欲渐减，食欲渐增，由于处于寒冬，体能消耗也较大，鹿场应逐渐提高精料的补加。补加量一般成年马公鹿 1.1 ~ 1.4 千克/天，白天喂两次精料、三次粗饲料。夜间补喂一次精、粗饲料，并供给足够的温水，加喂适量的酒糟，越冬期尽量利用干粗饲料，如干黄树叶、大豆荚皮，或玉米秸等。对这些粗饲料可采取碱化或粉碎等方法，提高其适口性，便于消化。同

时供给充足的粗饲料。其日粮应以干粗饲料和青贮玉米为主，精饲料为辅。精饲料配比中应当逐渐增加蛋白质饲料的比例，豆饼类饲料应占 20%～25%，精饲料喂量也要比恢复期有所增加，每只每天喂量公马鹿为 1.2～1.5 千克。公鹿白天喂精料 2 次，喂粗料 2～3 次，夜间加喂 1 次粗饲料。此外，在越冬期一般以干粗饲料和青贮饲料为主，在喂青贮饲料时要注意防止长期饲喂后易引起瘤胃酸度过大而破坏瘤胃微生物的正常繁殖。所以，要在精饲料中定期定量地添加一些碳酸氢钠，以中和瘤胃中过量的酸，以维持瘤胃内正常的氢离子浓度。由于冬季缺少青绿粗饲料，可用树叶、秸秆、青贮料等饲喂，同时保证饮水，最好是温水。在生茸前期还应适当增加精料喂量，为鹿的脱盘生茸做好准备。

3. 成年公马鹿越冬期饲养管理

公鹿越冬期也是公鹿配种恢复期和生茸前期。此期公鹿的生理特点是食欲和消化机能相对提高，热能消耗较多，并为生茸储备营养物质。从 11 月下旬至翌年 2 月末，昼短夜长，气候寒冷，公鹿的活动量较少，反刍休息时间较长。针对这些特点，在配合日粮时，以干粗饲料为主，精料为辅，逐渐加大日粮喂量，提高热能饲料比例，以锻炼其消化器官，提高其采食量和胃容积。同时，供给一定数量的蛋白质饲料，以满足瘤胃中微生物生长繁殖的营养需要。此外，在 12 月应逐渐增加禾本科籽实饲料的喂量，翌年 1 月末开始逐渐增加豆饼或豆科籽实饲料的喂量。

生茸前期的 2～3 月，根据鹿的体况继续调整鹿群，将体弱和患病的鹿拔出组群，淘汰老弱低产鹿，对产茸好但老弱的鹿应单独组群，防止因老弱鹿吃不到饲料而死亡现象的发生，并配备专人精心饲养管理。此期间内，由于尚未妊娠的母鹿发情和配种期留下的发情气味在天气转暖时逸放出来，常会引起一些年青产茸公鹿和种公鹿的性欲，发生遛圈、角斗、爬跨和公鹿间性，易引起直肠穿孔、内伤和淋巴外渗等伤病，应当注意预防和看管，以确保人鹿安全。

做好防潮保温，保持卫生清结工作。冬季雪大潮湿寒冷，鹿场应及时清扫圈舍，保持圈舍清洁干燥，以防鹿滑倒摔伤，造成不必要的伤亡；有条件的应在圈舍铺干燥垫草，营造温暖舒适的环境。鹿配种结束后，对老龄或病弱公鹿应单独组群加强照料。保持圈舍清洁卫生，及时清除圈舍内的积雪和尿冰。

为了减少体能消耗，增强抗寒能力，不得风湿等病症，保证安全越冬，其一，应当采取每天早上驱赶鹿群运动和实行夜饲。棚内要有足够的干粪，起垫草作用，或铺以豆秸、稻草等垫草。要及时清除圈舍内和走廊内的积雪，做到舍内、走廊无冰雪，防止滑倒摔伤。其二，要适时烧饮水锅，保证饮温水。其三，舍内要防风、保温，保持干燥，确保采光良好。对老弱病残公鹿若能采用塑料大棚管理，效果尤佳。

第七章　成年母马鹿的饲养管理

保持母鹿高度的繁殖力，是养鹿生产中的一项根本任务。饲养母鹿的根本任务，在于保证母鹿的健康，提高其繁殖能力，巩固其有效的遗传性，繁殖优良的后代，不断提高鹿群质量。根据母鹿在不同生产时期的生理变化、营养需要及饲养特点等，将母鹿的饲养划分为3个阶段：9月1日至11月20日，共82天为配种期；11月21日至翌年5月15日，共176天为妊娠期；5月16日至8月25日，共102天为产仔哺乳期。母鹿的饲养管理主要是抓好配种、妊娠和产仔哺乳3个环节。

一、成年母马鹿配种期特点、营养需要及饲养管理

（一）母马鹿配种期特点及营养需要

母鹿的配种期一般为9~11月末，饲养管理从母鹿断乳后进入配种前的体质恢复，到整个配种期结束，主要以恢复母鹿体质为主，促进发情，提高受胎率。

母鹿的发情期9~11月，略迟于公鹿，漏配或不受孕的母鹿16~20天后会再次发情。发情母鹿初期不稳定、兴奋、吧嗒嘴，有的鸣叫，对公鹿直视引逗，但拒配，性情暴戾，食欲下降，行动乖戾，对环境变化反应敏感，进攻性行为增多；进入发情盛期则尾巴不时上举，摆尾频尿，常追逐公鹿，接近时后肢跨开站立，等待公鹿爬跨，或低声呻吟，或擦蹭公鹿颈部，或爬跨公鹿

或爬跨其他母鹿；发情末期则逃避公鹿追逐，喜静，喜卧，喜单独活动。

母鹿配种期能否排卵及受孕，是母鹿生产的关键，在配种期母鹿如果未怀上孕，则意味着这母鹿白养一年，无形中增加了养殖成本，降低了养殖效益，经验证明，凡营养不良体质瘦弱的母鹿，发情多不明显，即使发情配种但大部分不易受胎，虽有个别受孕也常常造成早产或流产。所以为了保证受胎率，必须给予足够的饲养保证，提高发情受胎率。母鹿在配种期食欲下降，因此要喂适口性好的青绿饲料，配种期以粗饲料为主，精料为辅，粗饲料中适当加大多汁饲料的比例，结合本地区的实际条件合理配合，以满足其营养需要为准则，精饲料中蛋白质饲料应占30%~35%，禾本科籽实占50%~55%，糠麸类占10%~20%。日粮配方：每只鹿每天精饲料1.7~2.0千克，多汁饲料1.0~1.5千克，青饲料2.0~3.5千克，钙质矿物质或骨粉、鱼粉25克，食盐25克。每天饲喂精粗饲料各3次，先喂精料，吃完后再喂粗饲料。另外再喂给一些青绿饲料、胡萝卜和矿物质饲料等，母鹿的体重以中等偏下为宜，以促进母鹿尽快达到配种体况，提前集中发情交配，并提高其受胎率。另外，应注意分群管理，防止发生意外伤害，特别要注意交配后公母鹿不宜大量饮用冷水。

（二）母马鹿配种期的饲养管理技术

每年8月中下旬，母鹿应及时断乳，仔鹿离乳后母马鹿会停止泌乳，使母鹿在配种前有短期的恢复时间，以弥补泌乳期母体过量的体能消耗，及时发情排卵，进入下一个生理循环。配种期母鹿性活动机能加强，只有足够全价的蛋白质、丰富的维生素和矿物质元素供给的情况下能正常发情排卵。因此，保证母鹿配种期能获得足够的营养物质，对于提高受胎率有着十分重要的意义。生产中对刚断乳的母鹿一般采取"短期优饲"的饲养方法，以恢复体能，弥补前期消耗，保证配种期正常的激素分泌水平，促进母鹿正常发情、排卵、受孕和妊娠。这一时期如果能量、蛋白质及矿物质元素或维生素缺乏，均会导致母鹿发情症状不明显或只排卵不发情等，缩短了一生中的有效生殖时间；营养缺乏时，即使受孕也可能导致胚胎吸收或胎儿早期死亡，给生产造成较大损失。此时仍需供给一定数量的含蛋白质、维生素的豆饼或豆类饲料、青绿饲料及胡萝卜、矿物质饲料等，以促进母马鹿尽快达到配种体况，提前集中发情交配，并提高其受胎率。通过加强饲养管理，使母马鹿的膘情达到中上水平，因母马鹿在繁殖季节自然发情次数不超过3次，而且数量逐次减少，所以，要尽快增膘情。

对断乳母鹿实行分群管理，对初配母鹿和瘦弱母鹿单独组群，组群一般以12~15头为宜。分群时要调整鹿群，对连续2~3年空怀、产弱仔、患病已失去生产价值的母鹿要及时淘汰，然后按品质和后裔鉴定、亲缘关系、年龄、健康和体质状况、配种方法等，充实或重新组建育种核心群和生产配种群。并设专人值班，勤观察，发现母鹿膘情急剧下降，性欲降低，要及时检查日粮的配合，增加优质青绿饲草，使母鹿的膘情控制在7成以上。

配种期母鹿应勤于观察防止个别公鹿顶撞母鹿、乱配及多次配，造成阴道受伤或穿肛。配种后公母鹿要及时分群管理，发现漏配或再次发情母鹿应及时补配，保证最大程度地使母鹿受孕。对育种鹿群还应该观察、记录参配公母鹿，作好育种记录，并防止配种期中发生意外的伤亡事故，为产仔日期推算及日后育种打下良好的基础。同时控制母鹿交配次数，在一个发情期中，以交配2~3次为宜。

二、成年母马鹿妊娠期特点、营养需要及饲养管理

(一) 母鹿妊娠期特点及营养需要

马鹿妊娠期约 235（225~262）天，东北和宁夏地区的马鹿 5 月末到 7 月初产仔，6 月为产仔高峰期、新疆马鹿产仔高峰期持续到 7 月中旬，母鹿在产仔前离群躲到隐蔽处产仔，通常每胎 1 仔。初生的仔鹿平均体重 10~12 千克。

妊娠期间，母鹿停止发情，食欲提高，采食次数和采食量增加，体重增加；很快达到良好膘情，被毛光滑，温顺安静，行动谨慎、小心。所以，妊娠前期以粗饲料和多汁饲料为主，精饲料为辅，一般每只母鹿日精饲料 1.7~1.8 千克，多汁饲料 1.5 千克，青粗饲料 3.0 千克，食盐及矿质钙各 25 克；1 日饲喂 3 次，精饲料在先，粗饲料在后。仔鹿初生重大小、生活力强弱和生长发育快慢，既取决于鹿品种本身的遗传特性，又取决于妊娠期的营养和健康状况有关。研究表明，公仔鹿的初生重与 2~5 岁时的产茸量之间呈强正相关，因此要供给母鹿足够的蛋白质类、青绿多汁类及矿物质类饲料，可在母鹿妊娠期每天每只喂胡萝卜 1 千克。妊娠后期胎儿生长发育迅速，平均日增重 60 克以上，胎儿体重的 80% 是在妊娠后期 3 个月内增长的，母鹿运动量下降，行动迟缓，易疲劳，常躺卧。所以，该期日粮的体积应较小，质量要高，适口性要强，以提高采食量，并满足胎儿生长发育的需要。并适当增加母鹿的运动量，产仔期前 20 天左右要减少能量摄入量，防止母鹿过肥引起难产。妊娠后期每天喂 1 顿青贮玉米，并保证足够的黄柏树叶、盐和骨粉等母鹿分娩后到离乳阶段，精饲料量逐渐增加，到 7 月中旬前后加到全年中的最高量；

并且豆类饲料占 30% 以上。妊娠后期不易饲喂粥料和水料，以免个别鹿流产。严禁饲料腐败、冰冻或酸度过大及糟渣类饲料。妊娠期母鹿日粮量见表 7 – 1。

表 7 – 1　妊娠期母鹿日粮组成　　　　　（千克/只）

时期	精饲料	多汁饲料	青粗饲料	石粉或骨粉	食盐
妊娠前期	1.7 ~ 1.8	1.5	3.0	0.025	0.025
妊娠后期	1.8 ~ 3.0	2.0	3.0 ~ 4.5	0.04	0.03

精饲料中，豆饼、豆粕含量为 30% ~ 40%，其余为谷物饲料；多汁饲料主要为块根、块茎、瓜类等。

（二）妊娠初期的饲养管理

入冬以前做好防潮、防风、保暖等工作，保温不好的圈舍围栏应在迎风方向的墙外堆立柴草、秸秆，用以遮避风雪，还有关闭鹿舍后窗或堵住花墙并在圈棚里垫 10 厘米以上的干草或干树叶等起到保暖的作用。圈棚里的干草或干树叶如果尿湿了应及时清除后重新垫上。下雪以后及时清除运动场上的积雪，这样可以防滑也可以提高舍温。圈舍地面如有冰面时，可以撒铺一层炉灰渣、草木灰、咸盐粒子等来防滑。

加强运动。每天早晚各一次，每次 1 个小时左右，但应避开添料、休息时间。这对提高鹿的食欲、促进消化机能有良好的作用。最好是夜间补饲一次方法，即可以补充营养，还可以增加运动的效果。要保持鹿舍安静，饲养密度不易过大，应尽量避免惊群，防止拥挤，以避免流产、死胎。

妊娠母鹿应注意饲喂青贮饲料和酒糟的饲喂量。饲喂妊娠母鹿的青贮饲料切忌酸度过高，易引起流产。如果青贮的酸度大时可以在饮用水中添加小苏打来中和青贮的酸度。妊娠母鹿饲喂酒糟量也不宜过大，实践证明饲喂过量酒糟会严重的影响胎儿生长发育，同时也易引起母鹿流产。

(三) 妊娠中期的饲养管理

妊娠中期应对所有母鹿都进行一次检查，调整鹿群，拨出空怀、瘦弱、患病及营养不良的母马鹿单独组群或单圈饲养，此期切不可与公鹿混群饲养。

3月开始天气转暖，容易上膘而造成产仔期母鹿难产。因此，为了控制膘情，把精饲料减到每天每只母鹿0.5千克的同时少饲喂油脂类多的饲料。由于此期胎儿生长迅速而瘤胃的空间变小，因此，添粗饲料时需要做到少添、勤添。

全面开始清理圈舍的积粪和饲料残渣，主要是为了提高圈舍温度和春季消毒。由于此期的早晚天气较冷，棚舍里的粪便和饲料残渣清除后还应再垫上干草或干树叶等，起到保暖作用。

饲养密度不要过大，应尽量防止惊群和拥挤，以避免母鹿流产和胎儿死亡。加强运动，每天早晚各一次，每次1小时左右，但应避开添料、休息时间。这对提高鹿的食欲、促进消化机能有良好的作用。

(四) 妊娠后期的饲养管理

此期的圈舍粪便及饲料残渣应清扫完毕，该进行圈舍的全面消毒。消毒药液最好是用2%~3%的氢氧化钠溶液（火碱、苛性钠）与熟石灰溶液混合物。重点消毒圈舍里的棚舍、墙角及料槽的周围。4月下旬之前把消毒工作完成。消毒结束后还要在圈棚里垫一层干草或干树叶，给妊娠母鹿创造一个保暖的环境，达到保胎的目的。

做好仔鹿保护栏，栏内铺垫干草或干树叶并设饲槽和水槽。加强运动。每天早晚各一次，每次1小时左右，但应避开添料、休息时间。饲养密度不要过大，应尽量避免惊群，防止拥挤，以避免流产、死胎。精饲料按照精饲料配方的要求去饲喂，粗饲料量要按照粗饲料的参考标准来饲喂。膘情差的母鹿拔出来小圈饲养，精料量可以适当地增加，还可以在育成鹿圈里饲养。

三、成年母马鹿哺乳期特点、营养需要及饲养管理

（一）母鹿哺乳期特点及营养需要

母鹿怀孕 8 个月左右，产仔季节 5 ~ 6 月，产仔旺期为 6 月上旬。产前 2 周左右乳房膨大，乳头变粗，产前 3 ~ 5 天喜欢舐食精饲料渣，可从乳头中挤出淡黄色黏稠状液体，产前 1 ~ 2 天少食或绝食，喜散步，散步或鸣叫或呻吟，有时张口，情绪不安；常回头视腹，舐背、腹、乳头；乳头可挤出乳白色初乳；外阴肿胀，妊娠后期阴唇逐渐肿胀、湿润，尿频或常有排尿姿势，寻找分娩地点。分娩前 1 ~ 2 天从阴门流出透明索状物，并黏附于阴门外；塌胯，臀部塌陷，分娩前 1 天尾根两侧逐渐下塌，个别鹿衔草铺窝，反复站立和躺卧，在鹿群常活动的范围内选僻静、较暗处躺卧或站立产仔。

正常母鹿产仔后即可泌乳，产后 1 ~ 3 天用小米粥、麸皮粉粥、豆浆调制成的混合粥等多汁饲料进行催乳，促使母鹿早泌乳、多泌乳，以保证仔鹿生长发育的营养需要。哺乳期的母鹿要求喂 2.0 ~ 2.25 千克/天精料（其中豆类 1.0 ~ 1.1 千克，籽实类 0.8 ~ 0.95 千克，麸糠类 0.10 ~ 0.20 千克，石粉、鱼粉或骨粉 35 克，食盐 50 克，矿物质 50 克），青粗饲料任其采食，6 月上旬始喂青绿枝叶饲料，以提高母鹿的泌乳量和乳汁品质，幼鹿生长快速，日增重平均可达 0.29 ~ 0.55 千克，饲料中应含有丰富

的蛋白质、维生素 A、维生素 D 及钙、磷矿物质和微量元素。增加青粗饲料和补饲次数，每日饲喂精料 2~3 次，夜间补饲精粗饲料 1 次，先喂精料，后喂粗料；加强饮水管理，保证饮水清洁、卫生；及时打扫环境卫生，防止发生传染疾病，特别注意寄生虫病及肠胃疾病的发生；对恶癖母鹿应将仔鹿分出代养或人工哺乳；此外，应在初产母鹿圈早放进几只无恶癖温驯经产且妊娠产仔早的母鹿。母鹿护仔行为比较明显，要注意饲养人员的安全。

(二) 母鹿哺乳期饲养管理

这一时期大约 3 个月的时间，包括对分娩马鹿的看管、护理和饲养等工作，是保障母鹿的健康和仔鹿健康成长的关键时期。母鹿分娩时要有专业人员值夜班，观察出生仔鹿是否吃上初乳；对趴打仔鹿等有恶癖的母鹿拨出单独饲养；对弱小仔鹿及被弃仔鹿找好保姆鹿或进行人工哺乳；谢绝外人参观，保持鹿群安静。仔鹿出生头 1 个月完全靠母乳生活。因此，母鹿在这一时期消化率明显增强，采食量比平时增加 20%~30%，每天需从饲料中吸收大量的蛋白质、脂肪、矿物质和维生素等，以满足泌乳的需要，哺乳中后期日粮中的精饲料应达全年的最高水平。各种营养成分应均衡，以防影响母鹿的产后恢复和仔鹿的健康成长。1 个月以后仔鹿便开始同母鹿一起采食粗饲料，并出现反刍行为，且采食量逐日增大。离乳前 1 个月，每天补饲一次营养丰富的混合精料，满足其离乳期的营养需要。

难产是母鹿产仔期的主要疾病之一，系母鹿本身或胎儿原因造成的胎儿不能顺利通过产道的一种分娩性疾病。

难产的原因主要有以下几点。

(1) 母鹿过肥，且运动量不足，胎儿过大。

(2) 母鹿营养不良，极度瘦弱，娩力不足。

（3）过度惊扰，胎儿姿势发生异常，娩出停止或胎儿退回子宫。

（4）母鹿盆骨、阴道和阴门狭窄；胎位和胎势异常。

（5）胎儿畸形和双胞胎，均可造成难产。

严格选择配种母鹿，淘汰生殖器官发育不正常及老弱病残母鹿；合理配给日粮，防止母鹿过肥和营养不良，提高健康水平及增加怀孕母鹿的运动量，防止胎儿过大过肥；加强产仔期产仔母鹿周围环境、人员等的管理，避免过度惊扰母鹿；对难产母鹿应及时助产。

若能供给部分青绿多汁饲料最好。饲槽中残存的各种饲料要及时清除，以防发霉变质。运动场内低洼地面要垫平，防止母鹿和仔鹿误饮污水而引起下痢，个别母鹿在哺乳期内由于护仔性强，性情变得凶恶，甚至主动攻击饲养员，故需小心提防，注意安全。母鹿分娩时要有经验的人员昼夜值班，观察初生仔鹿是否吃上初乳，及时发现难产、弃仔、缺奶、初生仔鹿软弱等情况，并积极采取相应措施及时给予处理。

仔鹿出生后，母马鹿舔干仔鹿身上的黏液，仔鹿一般不需人的照料，吃掉胎衣，为了催乳，豆类等蛋白饲料增加到65% ~ 75%，其他饲料与妊娠期大体相同，饲料调成糊状同时给青绿多汁饲料，产仔期要昼夜值班监护产仔，以便采取应急措施，发生难产时必须请兽医人工助产。

经常观察母鹿的行为及体态变化，密切注意异常行为；做好接生和助产准备；忌生人接近母鹿。保证周围环境安静，避免异常声响干扰；保证周围干净、卫生。对周围环境和使用器具、料槽等进行消毒处理；做好各种记录。

饲养密度不应过大，以防拥挤造成流产。还要加强母鹿的调教驯化，注意稳群，注意保持安静的环境，以减少流产事故的发生。母鹿分娩后瘤胃容积变大，胃肠消化机能增强。因此泌乳期比妊娠期采食量多，需水量大，供给饲料的数量和质量均需相应提高。

初生仔鹿在健康情况下，吃上初乳几小时后可以打耳号和注射相关疫苗。母鹿产仔后给仔鹿打耳号时，最好把母仔都拨到单圈饲养一周左右时间，等到仔鹿硬实之后，再把母仔拨到哺乳圈舍，这样做既可以掌握好哺乳期和妊娠期不同的精饲料量，又有利于分别观察与饲养管理。护仔栏里的垫草定期更换，护仔栏之外的圈舍其他地方，只要仔鹿喜卧的地方也一定要铺垫干草或干树叶，弄湿了要及时清除再进行铺垫。一定要保证哺乳仔鹿能够饮到清洁的水。经常进圈观察仔鹿护仔栏里的仔鹿状况（白天每隔2~3小时进圈观察一次），每天都要适当赶出并观察有否患病幼鹿，若有应该及时治疗和护理。

第八章　马鹿常见病诊治

一、一般疾病诊治

(一) 巴氏杆菌病

巴氏杆菌病又名出血性败血症，是由多杀性巴氏杆菌引起的一种多种动物共患的败血性传染病。鹿患本病多呈急性经过，特征是败血症变化。本病发病率高，死亡率高，早期不易发现。我国将其列为二类疫病。

病原学特点：巴氏杆菌病病原体为多杀性巴氏杆菌，是巴氏杆菌属中的一种，为两端钝圆、中央微凸的革兰氏阴性短杆状菌，两端钝圆，常单个存在，无鞭毛，不运动，不能形成芽胞，新分离的强毒菌株有荚膜。用瑞氏染色或美蓝染色时，可见明显的两极浓染。

巴氏杆菌为需氧及兼性厌氧菌，对营养要求较严格，在普通培养基上生长贫瘠，在加有血清、血液或者血红素的培养基上生长良好。在血清琼脂平板上培养24小时，可见灰白色、闪光的露珠状小菌落。在血琼脂平板上，长出水滴样小菌落，无溶血现象。在肉汤培养基中生长时，初期浑浊，之后逐渐变清朗，管底有灰白色絮状沉淀，轻摇时呈絮状上升，表面形成菌环。

巴氏杆菌抵抗力不强，在无菌蒸馏水和生理盐水中很快死亡，在干燥的空气中能存活2~3天，阳光下10分钟内死亡，在血液、排泄物中能存活6~10天，一般消毒药数分钟内都能将其杀死。冻干菌种在低温中可保存长达 26 年。

流行病学特点：巴氏杆菌病的传染源是病鹿以及其他患病动物，特别是患病动物排泄物、分泌物和被污染的饲料、饮水、土壤，健康动物的呼吸道内也能带菌。巴氏杆菌可通过呼吸道和消化道传播，也可通过受伤的皮肤、黏膜感染，吸血昆虫叮咬亦可传播本病，当机体抵抗了下降时也可能发生内源性感染。本并无明显季节性，但冷热交替、气候剧变、闷热、潮湿、多雨等情况下较多发。营养不良、寄生虫感染、长途运输、饲养管理不当都可诱发本病。

发病机理：巴氏杆菌通过外源性传染或内源性发作后，很快便通过淋巴系统进入血液而形成菌血症，并可在 24 小时内发展为败血症而死亡。巴氏杆菌存在于病鹿的各组织器官、体液、分泌物和排泄物中。濒死时，血液中仅有少量巴氏杆菌存在，病死后机体防御能力消失，这时巴氏杆菌可在几小时内大量繁殖，各脏器、体液以及渗出液中菌量都会增多，这是感染巴氏杆菌的一个特点。

临床症状：巴氏杆菌病的病变和症状主要表现在呼吸系统和消化系统。根据临床表现大致可分为 4 种类型。

1. 急性败血型

由巴氏杆菌引起的急性败血型感染所致，发病率和死亡率较高。病鹿体温突然升高到 41~42℃，精神沉郁，呼吸困难，脉搏加快，反刍停止，食欲废绝，黏膜发绀。初期粪便干燥，后期腹泻，严重时粪便带血。一般 1~2 天内死亡，剖检无明显特征性病变，只见黏膜和内脏表面广泛性点状出血。

2. 肺炎型（胸型）

肺炎型巴氏杆菌病最常见，病鹿精神沉郁，呼吸促迫，咳嗽，鼻镜干燥，体温上升到 41℃ 以上。严重时呼吸极度困难，粪便稀薄，有时带血。发病经过较急性败血症型慢，一般 5~6

天死亡。

3. 水肿型

患水肿型巴氏杆菌病的病鹿胸前和头颈部水肿，严重者波及腹下。舌、咽部高度肿胀，呼吸困难。皮肤和黏膜发绀，眼红肿，流泪。病鹿常因呼吸困难而死。也可伴随血便，死后可见肠黏膜肿胀局部呈出血性胶样浸润。

4. 慢性型

由急性型转变而来，病鹿长期咳嗽，慢性腹泻，消瘦无力。剖检时皮下胶冻样液体浸润。纤维素性胸膜肺炎，肝有坏死病灶。

病理变化：不同的病理变化取决不不同的发病类型，常有混合型病理变化出现。急性发作而死亡的病鹿剖检无明显变化。一般尸体腹部膨大，可呈黏膜出血或充血。经常发生咽部、胸部皮下组织水肿，腹部皮下组织有柠檬黄色浆液性液体浸润。在胸腔内、支气管附近有淡红的的胶质样水肿，心外膜下常有无数不同大小的出血点。心包内有多量淡红或浅黄色液体。

胸型可见渗出性和纤维素性肺炎，并有胸肺粘连，胸水多量并有纤维素样渗出物，肺水肿，充血，切面呈大理石样。支气管内充满泡沫样淡红色液体。支气管和纵隔淋巴水肿并有炎症。皮下点状出血胶样浸润。

肠型主要于胃肠道发生病变，真胃黏膜肿胀、充血，有不同大小的出血点。肠管主要在其起始部发生急性炎症，出血。胃肠淋巴腺发生急性炎症并肿大。脾脏稍肿大，边缘钝圆，脾髓暗红色稍软化。肾脏充血。

诊断：可根据流行病学、临床症状、病理变化以及气候、饲养等因素的影响作出初诊，确诊需通过实验室诊断。

镜检：取血液、组织液、水肿液做涂片，分别作革兰氏染色和瑞氏染色。革兰氏染色可见革兰氏阴性，两极明显着色的小杆菌；瑞氏染色可见两级染色的卵形杆菌。

细菌培养：将病料接种于在血清琼脂平板或血琼脂平板上，培养 24 小时后可见灰白色、细小、湿润、闪光的露珠状小菌落，无溶血。接种于肉汤培养基中，肉汤均匀浑浊，48 小时后出现灰白色絮状沉淀。

生化试验：巴氏杆菌可分解、葡萄糖、麦芽糖、果糖、甘露醇、甘露糖、蔗糖，产酸不产气。不能分解乳糖、鼠李糖杨苷、肌醇。巴氏杆菌可产生过氧化氢酶，能生成硫化氢和靛基质，不液化明胶。

动物实验：将病料制成悬液接种于小鼠，1～2 天后发病，呈败血症死亡。取组织镜检及培养可见上述特征。

防治措施：严格生产管理，饲养区不得有其他种类动物，用具也不得用于其他动物饲养。净化环境，降低鹿受外伤的概率，清洁用水，地面保持干燥。鹿舍定期消毒。新引进鹿只要进行隔离。勤观察饲养群，发现病鹿及时隔离并消毒所在场所。青霉素、四环素、磺胺类抗菌药都可用于治疗本病，也可选用高免或康复动物的抗血清。对受威胁饲养群进行预防性投药。

（二）布鲁氏菌病

布鲁氏菌病简称布病，是由布鲁氏菌属细菌侵入机体引起的一种人、鹿共患急性（或慢性）、传染性、变态反应性疾病，也称马耳他热、波状热。布病流行范围广、传播途径多、传染性强、感染率和发病率较高。布病是鹿病中最险恶的疾病，对人类危害也很大。布病多数病例为隐性型，且慢性经过。主要侵害鹿只生殖器官，导致繁殖功能障碍，体质逐渐变弱，使产茸量下降。世界卫生组织将其归类为 B 类传染病，我国列为二类传染病。

病原学：布病的致病因子是布鲁氏菌属的一类革兰氏阴性球

杆菌。大多生活在宿主的细胞内，多散在，常常为单个排列，很少形成短链。不能运动，不形成芽孢，无鞭毛、微毛和真性夹膜。布鲁氏菌为需氧兼性厌氧菌。常用肝汤、肝琼脂、马丁琼脂、胰蛋白胨琼脂和马铃薯琼脂等培养基，初次分离时成长缓慢，常要 8~15 天才能充分发育，驯化后传代，48~72 小时可以生长良好。

布鲁氏菌有高度的侵袭力和扩散力，不仅可以从正常皮肤，而且可以经黏膜侵入体内。不产生外毒素，只产生内毒素，毒力较强，对机体可产生泛发性的毒害作用。

布鲁氏菌在感染的胎盘、胎儿组织中，在污染的土壤中，在肉类食品、内脏、骨髓和肌肉组织里的淋巴结中，在粪便、尿液中都可存活。在自然界中喜潮湿、凉爽的环境，在肉、乳制品以及污染的水中，都具有长期的感染性。在冷藏的乳及乳制品中可存活 10~40 天。对干热的抵抗力较强，60℃需 75 分钟才能杀死，在尘埃中可存活 2 个月，在皮毛中可存活 5 个月。在污染的土壤表面可存活 20~40 天。暴晒 20 分钟即可死亡，在直射阳光下 4 小时即可死亡，散射日光下可存活 7~8 天。对湿热的抵抗力与一般细菌相同，60℃ 15~30 分钟、80℃ 7~19 分钟即可死亡，煮沸 0.5 分钟即杀死。

布鲁氏菌对消毒剂抵抗力不强，1%~3% 石炭酸、2%~3% 来苏尔、2% 氢氧化钠溶液，在 1 小时内都可杀死本菌。链霉素、土霉素、庆大霉素、卡那霉素和金霉素等，对布鲁氏菌都有抑制作用，对四环素最敏感。对磺胺类药物中度敏感。对青霉素、杆菌肽和林可霉素等有很强的抵抗力。

流行病学特点：患病动物或带菌动物是布鲁氏菌病的主要传染源。不同种类、性别的鹿都易感布鲁氏菌。成年鹿最易感，幼龄鹿易感性差。消化道是主要传染途径，其次是生殖道。鹿场内患鹿是主要传染源，当其他家畜发生本病时，若鹿对之频繁接触，也会引起传染。我国从鹿体内检出 50 株布鲁氏菌，其中羊种布鲁氏菌 31 株，牛种布鲁氏菌 17 株，猪种布鲁氏菌 2 株。鹿感染布鲁氏菌后有一个菌血症阶段，很快定位于其所适应的组织或脏器中，并不定期的随乳汁、精液、浓汁，特别是流产时的胎儿、胎衣、羊水和阴道分泌物排出体外。全身性感染和处于菌血症期的病鹿，其肉、内脏、毛皮中都含有大量的病原体。被布鲁氏菌污染的物品则是扩大本病扩散的重要媒介。

发病机理：布鲁氏菌主要寄生于巨噬细胞内，其发病机制以迟发型变态反应为主。感染的确立与否不仅取决于病原菌的数量和毒力，同时也取决于被感染动物的先天抵抗力、年龄和生殖状态。布鲁氏菌侵入机体后，几日内侵入附近淋巴结，被吞噬细胞吞噬。如吞噬细胞未能将其杀灭，则布鲁氏菌在细胞内生长繁殖，形成局部原发炎症病灶，即淋巴结炎。此阶段称为淋巴源性迁徙阶段，相当于潜伏期。布鲁氏菌在吞噬细胞内大量繁殖致其破裂，当布鲁氏菌增殖到相当数量以后，便会冲破淋巴结屏障，以致大量布鲁氏菌进入血液形成菌血症，此时病鹿体温升高，持续时间不定，在持续感染过程中会出现复发性菌血症。进入血液中的布鲁氏菌经过血液循环后，便在肝、脾、骨髓、淋巴结等网状内皮细胞丰富的器官形成多发性病灶。寄居在网状内皮系统的布鲁氏菌，可反复侵入血液循环，在机体内的某些部位发生转移性病灶。如布鲁氏菌侵入关节、腱鞘、骨髓、淋巴结、乳腺、睾丸等组织器官的细胞内并繁殖，则发生关节炎、腱鞘炎、骨髓炎、淋巴结炎、乳腺炎、睾丸炎等症状。

布鲁氏菌对妊娠的子宫内膜和胎儿胎盘有特殊的亲和性。该菌进入胎盘的绒毛膜上皮细胞内增殖，导致胎盘炎，并在绒毛膜与子宫内膜扩散，导致子宫内膜炎。布鲁氏菌在在绒毛膜上皮细胞内增殖，使其发生渐进性坏死，产生的纤维素性脓性分泌物附着于绒毛膜上，可破坏胎儿胎盘和母体胎盘之间的联系，断绝胎儿营养供给，最后导致脱离。布鲁氏菌还可经过血液、羊水进入胎儿体内，引起胎儿发生营养不良和产生病变，以致发生流产和死胎现象。

临床症状：布鲁氏菌病的潜伏期长短不一，主要取决于侵入机体布鲁氏菌的数量与毒力，还取决于机体的生理状况以及侵入途径和部位。鹿发生本病时多慢性经过，早期无明显症状，日久可见食欲减退、逐渐消瘦、生长发育缓慢，被毛蓬松无光泽、精神迟钝，皮下淋巴结肿大。

母鹿多发生流产、胎衣滞留、胎盘糜烂，伴有关节肿大、乳房炎、子宫炎、阴道炎等。流产是本病的特征性症状，但不是必然出现的症状。本病流产有一定的规律，由于母鹿在感染布鲁氏菌病后，可产生一定的免疫力，所以，初发时流产率高，次年再次流产相对较少。

公鹿有的发生膝关节炎（据统计，21%的病鹿关节肿大），有的发生腕关节炎、跗关节炎、黏液囊炎、睾丸炎和附睾炎。2%的公鹿发生一侧或两侧睾丸肿大，触之生硬、不愿运动，喜卧，站立时后肢张开；有的张畸形茸，常发生在关节炎的对应侧；飞关节肿大并崩溃，且大多增生引起关节畸形。5%成年鹿头部枕后右半球形的肿胀，切开后流出多量黄白色浓汁。

病理变化：布鲁氏菌病的病变特征是全身弥漫性网状内皮细胞增生和肉芽肿结节形成。特异性结节是病理变化的基本表现形式，可分为增生性结节和渗出性结节。增生性结节多见于慢性病例，常发生于淋巴结、肝、脾、肾、心和肺等器官，以肝、肾、肺中结节最为典型；渗出性结节多由增生性结节转化而来，常为慢性病例的急性发作，主要特点是坏死灶外围原有的肉芽组织消失，普通肉芽组织充血、渗出和新坏死区的形成。

诊断：布鲁氏菌病的流行特点、临床症状、病理变化都没有明显的特征，所以必须结合细菌学、血清学和动物接种的方式进行综合诊断。发现可疑病鹿时应首先观察有无布鲁氏菌病的特征，如母鹿流产、胎盘滞留、胎衣病变、乳腺炎、不孕；公鹿关节炎和睾丸炎等可作出初步诊断。

细菌学诊断：取流产胎儿、胎盘，母鹿的阴道分泌物、乳汁等作为病料，直接镜检；对死亡的鹿可采集肝、脾、骨髓、淋巴结进行培养。隐性感染的鹿，往往局限于个别淋巴结，直接培养不易成功，可直接接种于豚鼠做动物实验。

动物接种：豚鼠接种前应做凝集反应，取胎儿或胎盘组织乳剂、阴道洗液或全乳等作为接种材料，皮下接种豚鼠 1~3 毫升，接种后 5 周左右剖检，观察病理变化，取淋巴结或脾脏进行细菌培养和鉴定。

血清学诊断：包括不提结合反应和血清凝集反应。补体凝集反应特异性和敏感性都较高，在感染后 1~2 周出现阳性，操作方法较复杂，不适合大群检测；血清凝集反应操作简单，感染后 4~5 天即出现阳性，是当前布鲁氏菌检测的常用方法，分为试管凝集反应和平板凝集反应两种，平板法简单易行，广泛用于现场诊断。此外，还可利用 PCR，ELISA 等方法进行检测。

防治措施：未发生布鲁氏菌病的鹿场尽量自繁自养，如需引种，则必须在隔离情况下严格检疫，确定健康方可入场。严格控制水源和饲料，不得从疫区引进饲料及动物产品。定期检疫和消毒。如果在鹿群中发现患有布鲁氏菌病鹿只，及时将其捕杀处理，严禁作他用。隔离所在鹿群。定期检疫，出现阳性及时淘汰。如有特殊原因需要保留时，可隔离饲养并进行药物治疗。

（三）大肠杆菌病

大肠杆菌病是由致病性大肠杆菌引起的多种动物不同疾病或病型的统称，包括局部性或全身性大肠杆菌感染。大肠杆菌性腹泻、败血症和毒血症等。鹿患此病的的特征是出血性肠炎和败血症。仔鹿比成年鹿的发病率和死亡率都要高。

病原学：大肠埃希氏菌通常简称为大肠杆菌，是肠道正常菌群重要成员之一。大肠杆菌是条件性致病菌，可通过消化道传播。根据致病机理，病原性大肠杆菌可分为产肠毒素大肠杆菌、肠侵袭性大肠杆菌、肠致病性大肠杆菌、肠出血性大肠杆菌和肠凝聚性大肠杆菌。

大肠杆菌为革兰氏阴性、中等大小的杆菌，无荚膜，无芽孢，有鞭毛，能运动。大肠杆菌为需氧及兼性厌氧菌，在普通琼脂培养基上能生长，24小时后能长出圆形微隆起、半透明灰白色小菌落。大肠杆菌因不能发酵乳糖和蔗糖而区别于其他肠道杆菌。

大肠杆菌对热抵抗力较强，60℃下30分钟能将其全部杀死，煮沸立即死亡。在潮湿环境能存活近一个月，在寒冷干燥的环境中生存时间更长，在自然界水中可存活数周至数月。大肠杆菌的培养物在室温下可存活数周，在密闭温室下保存于黑暗处至少可存活一年。菌种培养物加10%甘油在-80℃可保存几年，冻干后置于-20℃可存活十年。对消毒剂的抵抗力不强，如5%石炭酸，0.1%升汞5分钟杀死。对链霉素、红霉素、庆大霉素、卡那霉素、磺胺脒等多种抗菌药物敏感。

流行病学：大肠杆菌病是由致病性大肠杆菌引起的一种急性细菌性传染病，一般仔鹿和幼鹿多发。主要传染源是病鹿和带菌母鹿，致病性大肠杆菌存在于肠道以及各组织中，通过粪便等排泄物排出体外，污染饲料、饮水和环境。大肠杆菌病主要通过消化道传染，也通过子宫、脐带、眼结膜和破损的皮肤及黏膜感染。大肠杆菌具有条件致病性，促使发病的因素较多，气温骤变、鹿舍阴冷潮湿、通风不良、饲料质量不良、饲料调配不当等都可诱发本病发生。

发病机理：大肠杆菌病主要由能产生甘露糖抵抗型黏附素的

大肠杆菌菌株引起，这些黏附素可黏附于十二指肠、空肠和回肠上黏膜表面，使摄入的大肠杆菌不随肠蠕动进入大肠中。大肠杆菌在十二指肠、空肠和回肠上大量繁殖，黏附于微绒毛，导致刷状缘被破坏、微绒毛断裂、上皮细胞排列紊乱和功能受损，造成严重腹泻。侵袭性大肠杆菌可经小肠上皮细胞进入到血液和淋巴循环，在血液和淋巴中繁殖并形成内毒血症，免疫系统或抗生素不能及时将其清除，于是导致死亡。

临床症状：鹿大肠杆菌病呈急性经过，潜伏期短，一般几小时至十几小时。按临床表现一般分为败血症型、肠毒血症性和肠炎型等类型。

败血症型病鹿初期体温升高，精神萎靡，食欲降低或废绝。随后表现出明显的中枢神经系统紊乱，口吐白沫，四肢僵硬，运动失调，喜卧。之后腹泻，脱水，常于症状出现后数小时至1天内出现急性败血症而死亡，甚至有的病鹿会在腹泻症状为出现前死亡。病程稍长者可并发脐炎、关节炎或肺炎，生长发育受阻。

肠毒血症性通常不表现明显的临床症状而突然死亡。有症状者则表现为典型的中毒症状，初期兴奋不安，随后沉郁甚至昏迷，最后死亡。死亡前剧烈腹泻，排稀粪甚至血便。

肠炎型多见于仔鹿，症状如同仔鹿下痢。病初食欲减退，而后废绝，饮欲增强，体温升高。精神沉郁，结膜充血，离群。粪便初期呈黄色、灰白色或绿色，呈稀粥状，后期带血，有的呈水样粪便，呈污红色并带有恶臭味。病鹿脱水，眼窝下陷，全身衰弱，体温下降，四肢变凉，昏迷而死亡。

病理变化：尸体被毛粗乱，营养不良，个别营养良好，肛门周围常有血便污染。败血症或肠毒血症时，急性死亡无明显病理变化，胸、腹腔以及心包内伴有大量混有纤维素的积液，有恶臭味。腹泻时可见急性胃肠炎的变化，真胃内有大量褐色凝乳块，黏膜充血、水肿，表面覆盖胶冻状黏液，褶皱处出血。肠内容物常混有血液和气泡，小肠黏膜充血、出血、部分黏膜上皮脱落；肠系膜广泛出血，且淋巴结肿大，呈暗紫色，切面多汁。脾质脆弱、切面脾小梁不明显表面粗糙，肿大，并有纤维素附着。肝脏和肾脏苍白，被膜下可见出血点。心内膜有小出血点。病程长的病畜，关节肿大，内含混浊液和纤维素性脓性絮片。肺有炎症病变。肠炎型病鹿除上述变化外，肠壁变薄，内容物呈水样。

诊断：根据腹泻、便血等出血性肠炎症状结合病理变化以及流行病学，可作初步诊断，确诊需实验室诊断。

镜检：无菌采集病死鹿心脏、肺脏、肝脏、脾脏涂片镜检，可见革兰氏阴性杆菌。

分离鉴定培养：无菌采集病死鹿心脏、肺脏、肝脏、脾脏及淋巴结接种于血琼脂平板，37℃有氧和厌氧条件下分别培养 24 小时，可见浅灰色透明光滑菌落。挑出接种于麦康凯培养基，可见红色圆形菌落。

生化实验：用分离的纯菌培养物接种于乳糖、麦芽糖、甘露醇、葡萄糖，37℃培养 48 小时后观察，全部产酸产气，不产生硫化氢。M. R. 实验阳性，VP 实验阴性。

动物实验：取纯培养物悬液接种于小鼠腹腔，观察发病情况，发病死亡后取病料进行检查。此外，还有 ELISA、荧光免疫测定、胶体金、免疫磁珠分离、DNA 探针、PCR、基因芯片等方法对大肠杆菌进行检测。

防治措施：排除不良以及可疑饲料，换上新鲜易消化饲料，保证饮水清洁。定期消毒，及时打扫圈舍，防止饲料被污染。发现病鹿及时隔离，病死鹿尸体要无害化处理，对污染的圈舍进行彻底消毒。

常用磺胺脒、链霉素配合小苏打等混入精料饲喂，每天两次。在饮水中加适量氟哌酸，可起到预防作用。

（四）坏死杆菌病（图 8 - 1）

鹿坏死杆菌病是由坏死梭杆菌引起的慢性传染病，一般多由皮肤、黏膜伤口感染引起。鹿患本病的特征是蹄、四肢皮肤和较深部组织以及消化黏膜呈现坏死性病变，在内脏可形成转移性坏死灶。坏死杆菌可即发于其他病原菌感染或与其混合感染，在鹿病中占重要地位，我国将其归为 3 类疫病。

病原学：坏死梭杆菌为多形性革兰氏阴性菌，小者呈球杆菌，在病灶及幼龄培养物种则为大的长丝体，染色时因原生质浓缩而成串珠状，无鞭毛，无芽孢，无荚膜，不能运动。本菌为专性厌氧菌，在血琼脂培养基上 2 ~ 3 天即可形成有条纹、边缘呈波状的小菌落。

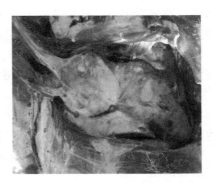

图 8 - 1　鹿坏死杆菌病

坏死梭杆菌能产生两种以上毒素。外毒素具有溶血性，并有杀死白细胞的毒性，可使吞噬细胞死亡，释放分解酶，使组织溶解。外毒素在引发特征性病变中具有重要作用。坏死梭杆菌的内毒素经皮下或皮内注射可引起组织坏死。

坏死梭杆菌对理化因素和温热抵抗力都不强。60℃ 加热 30 分钟或 100℃ 加热 1 分钟即可杀死本菌；5% 氢氧化钠溶液、1%

高锰酸钾溶液、2%福尔马林溶液等，15分钟内均可将其杀死。在污染的土壤中可存活10~30天，冷水中生存2周，粪便中生存1个月。坏死梭杆菌对青霉素、链霉素以及磺胺类药物都敏感。

流行病学：病鹿的病变组织分泌物以及排泄物是本病的主要传染源。被污染的饲料、饮水以及土壤都可成为本病的传染源。鹿通过损伤的皮肤、黏膜、脐带、锯茸等感染此病。本病流行不分年龄、性别，由于公鹿顶斗而多发外伤，所以，公鹿相对于母鹿发病率高。低温地带或多雨季节，闷热、潮湿或污秽的环境等情况下本病多发。

发病机理：坏死梭杆菌由皮肤黏膜外伤侵入机体，在靶器官内定植，引起局部性炎症，并伴有机能障碍，这时及时治疗效果最好。如不及时治疗，则会引起血液循环障碍，一方面使局部高度肿胀，另一方面由于供血不足使细胞崩解、死亡，引起组织坏死。这种坏死首先是局灶性的，之后局部坏死相融合，形成大的坏死灶。同时伴有组织增生，使局部变粗变硬，即转为慢性过程，此时坏死组织中的坏死杆菌迅速死亡。在疾病的病理过程发生迅速时，病原体也可能自原发性病灶以血源性的途径蔓延。

临床症状：坏死杆菌病随鹿的种类年龄不同而有不同特点，致死鹿大多消瘦，组织器官内有坏死灶。潜伏期一般1~3天，短则数小时，长则2周。常见有腐蹄病、坏死性皮炎、坏死性口、坏死性鼻炎，坏死性肠炎等。

成年鹿多患腐蹄病，病初跛行，喜卧，重者全身症状。蹄底及蹄的其他部位可见小孔或创洞，内有腐烂的角质和乌黑的臭液流出，病程长者可致蹄壳变形。

坏死性皮炎的特征为皮肤以及皮下出现坏死和溃烂病灶。多见于体侧、臀部和颈部。病变部位脱毛，炎性渗出，皮肤变白。形成覆有干痂的结节，触之硬固肿胀，并迅速扩散成囊状坏死灶。母鹿乳头和乳房皮肤坏死，甚至乳腺坏死。

仔鹿多发坏死性口、鼻炎，病初厌食，体温升高，流涎、鼻漏、口臭或气喘。口腔黏膜红肿、增温，在齿龈、舌、上颚、颊及咽等处有粗糙、污秽的灰褐色或灰白色伪膜，强力撕脱后露出易出血的不规则溃疡面。发生在咽喉的，有颌下水肿、呕吐、不能吞咽及严重呼吸困难等症状。

坏死性肠炎临床表现为严重性腹泻，排除血脓样或带有坏死黏膜的粪便。

病理变化：死于坏死杆菌病的鹿只多营养不良、消瘦，内脏有蔓延性或转移性坏死灶，尤其是肝脏、胃黏膜等处。肺内形成大小不等的黄色结节，表面有纤维素性物质，常与胸膜粘连。心脏表现化脓性心包炎，心包积液。坏死性肠炎可见肠黏膜有固膜性坏死和溃疡，严重时波及肠壁全层，甚至穿孔。

诊断：根据流行病学和临床症状综合分析，可作初步诊断，确诊需进行实验室诊断。

镜检：取体表和内脏病灶坏死组织与健康组织结合处组织进行涂片，自然干燥后用复红美蓝染色法染色，镜检可见大量着色不均匀的串珠状的长丝菌体和细长菌体。

细菌分离培养：取新鲜无污染的病死鹿肝脏、肺脏、浓汁接种于1%孔雀绿培养基，厌氧培养2~3天，长出蓝色、中央不透明、边缘有一圈亮带的菌落。取菌落进行纯培养后进一步鉴定。

动物接种试验：取新鲜无污染的病死鹿肝脏、肺脏、浓汁用灭菌生理盐水制成1:10乳剂，尾根部皮下注射小鼠进行观察。阳性小鼠3天左右注射部位发生脓肿，5~6天坏死，8~12天尾部脱落，并于1~2周内死亡。剖检发现转移性病灶，肝脏涂片染色，可见典型的坏死梭杆菌。

防治措施：坏死杆菌病预防的关键在于避免皮肤和黏膜损

伤，同时保持圈舍、环境、用具的清洁与干燥。及时清理粪便及污物，控制密度，防止顶斗发生，发现外伤及时处理。健康鹿可进行坏死杆菌病菌苗免疫接种。

发现腐蹄病及时隔离治疗，清除患部坏死组织，排出脓液，暴露创面造成有氧条件，抑制坏死梭杆菌发育。创面用3%双氧水或1%高锰酸钾溶液清洗后，用青霉素和链霉素撒于创面，防止再次感染。

坏死性口、鼻炎患鹿，先出去伪膜，用1%高锰酸钾溶液清洗后涂碘甘油，每天2次至痊愈。

局部治疗同时应配合全身治疗，如土霉素、四环素、磺胺类药物均可控制本病发展，又可防止继发感染。必要时可注射5%～10%葡萄糖提高免疫力，对食欲不振的给予健胃药。

（五）结核病

结核病是由结核分枝杆菌引起的人、畜、禽共患传染病。其病理特点是机体组织中形成结核结节性肉芽肿和干酪样坏死灶。病程长、渐进性消瘦、咳嗽、衰竭。结核杆菌几乎感染任何品种的鹿，给鹿业发展造成了严重的障碍。世界卫生组织将其归类为B类传染病，我国列为二类传染病。

病原学：结核杆菌包括人型结核分枝杆菌、牛型结核分枝杆菌以及禽型结核分枝杆菌，鹿结核病病原体主要为牛型结核分枝杆菌和禽型结核分枝杆菌。

结核杆菌为抗酸性小杆菌，菌体平直或稍弯曲，两端钝圆，涂片中成对或成丛排列，菌团由3～20个菌体构成，似绳索状，也有单个存在的菌体。在陈旧培养基上或干酪性淋巴结内的菌体，偶见分枝现象。结核杆菌无鞭毛，不形成芽孢和荚膜，不能运动。牛型分枝杆菌比人型短而粗，菌体着色不均匀，常呈颗粒状。禽分枝杆菌短而小，为多形性。分枝杆菌革兰氏染色阳性。

结核杆菌为需氧菌，牛型生长最适 pH 值为 5.6~6.9，人型为 7.4~8.0，禽型为 7.2。最适生长温度为 37~38℃。初代分离时可用劳文斯坦－杰森氏培养基培养，2 周左右可长出粗糙菌落，有的需 8 周才可分离初代菌落。在培养基中可加入适量的甘油（牛型除外）、蛋黄、蛋白或全蛋及动物血清或分枝杆菌素等，均有利于结核杆菌快速生长。

结核杆菌广泛分布自然环境中，对外界环境有坚强的抵抗力，外界存活时间长，特别对干燥、腐败及一般消毒药耐受性强。在土壤中能存活 7 个月，在水中能存活 5 个月，在牛奶中能保存 3 个月，在干燥的痰和分泌物中能保持 10 个月。具有较强的耐酸耐碱性，在 3% 盐酸、6% 硫酸或 4% 氢氧化钠溶液中数小时不死，5% 来苏尔中可存活 48 小时，5% 石炭酸中可存活 24 小时，3% 福尔马林中可存活 3 小时。结核杆菌对温度的抵抗力较弱，60~70℃ 经过 10~15 分钟死亡，煮沸立即死亡。70% 酒精、10% 漂白粉溶液中很快死亡，碘化物消毒效果最佳。结核杆菌对磺胺和多种抗生素都不敏感，但对链霉素、异烟肼和氨基水杨酸等有不同程度的敏感性。

流行病学：患有结核病的病鹿是主要传染源，病鹿从粪便、尿液等排泄物、分泌物排出病原菌，污染周围环境而传染。结核病主要传染途径是呼吸道、消化道以及生殖道。饲养管理不当，鹿舍于拥挤，通风不良，潮湿，光照不足都是造成结核杆菌扩散的主要因素。结核病流行没有明显的季节性，也不分年龄和性别，圈养鹿发病率高于野生或放牧鹿。

发病机理：结核杆菌为胞内寄生菌，既不产生外毒素、也无内毒素。结核杆菌在机体内大量繁殖后，其菌体成分和代谢产物对机体产生直接损害作用，以及由菌体蛋白刺激而产生的变态反应。结核杆菌使细胞内寄生菌，侵入机体的结核杆菌被巨噬细胞吞噬。如巨噬细胞不能将其杀灭，则在巨噬细胞内繁殖，最终导致其崩解死亡。死亡的巨噬细胞释放结核杆菌，可在细胞外繁殖或在被巨噬细胞吞噬，并沿淋巴细胞蔓。局部病变主要是在该菌的直接作用下形成特异性原发性病灶，即原发性结节。当机体抵抗力强时，原发性病灶逐渐包囊化，使局部病灶局限化，长期或终身不扩散，形成瘢痕或钙化痊愈；当机体抵抗力弱时，结核杆菌可从淋巴、血液和天然管道散布全身，引起其他组织器官形成病灶或形成全身性结核。

结核病可分初次感染和二次感染。二次感染多发于成年鹿，可以是外源性感染，也可以使内源性复发。由于机体的免疫作用，二次感染只局限于某个器官。结核杆菌侵入机体某个组织后，引起细胞增生或深渗出性炎，表现为结核结节和渗出性结节，这两种炎症常混合发生。

临床症状：鹿结核病潜伏期长短不一，少则十几天，多则数月甚至数年，通常慢性经过。病初症状不明显，当病程逐渐延长而体况下降时，症状则逐渐表露。病鹿渐进性消瘦，食欲减退或反复无常，被毛无光泽，换毛迟缓，精神沉郁，运动迟缓，贫血。鹿结核病在淋巴系统的侵害上要比其他动物严重，常见体表淋巴结肿大和化脓，尤其是下颌、颈部和胸前淋巴结肿胀。不同的患病器官症状表现亦不相同。肺结核多表现咳嗽，先干咳后湿咳，有黏液性鼻液，早晚多发。病程长时呼吸困难，呼吸频率增加，追赶时呛咳。肺部听诊有啰音或摩擦音，叩诊有浊音区。肠结核多见于仔鹿。主要表现为消化不良，顽固性下痢，迅速消瘦，常以死亡为转归。乳房结核表现为患部淋巴结肿大，有局限性或弥散性硬结，严重时乳汁稀薄如水，两侧乳房常不对称，最终停止产乳。生殖器结核会导致性机能紊乱，发情不规律。母鹿慕雄狂、不孕，妊娠母鹿了流产；公鹿附睾及睾丸肿大，阴茎前部发生结节或糜烂。脑结核常引起神经症状，如癫痫样发作或运动机能障碍等。

病理变化（图8-2）：病鹿剖检主要变化在淋巴结，表现为肿胀和化脓，常见于腹腔肠系膜淋巴结、肺纵膈和体表淋巴结。肠系膜上常见大小不一的肿胀化脓淋巴结，切开后有大量干酪样黄白色脓汁流出，脓汁无臭味，这区别于其他细菌引起的化脓。肺和肺门淋巴结，或肝、脾、肾等器官有大小不等的、表面或切面有很多黄色或白的结节，切开后有干酪样的坏死，有的钙化，刀切时有砂粒感，即所谓的"珍珠病"。肺结核病有时可形成空洞或肺渗出性炎症。肠结核黏膜出现圆形溃疡，周围突起呈堤状，溃疡表面覆盖脓样坏死物质。

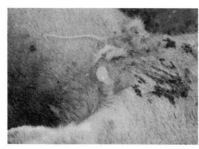

图8-2　鹿结核病特征表现

结核病变随机体反应性不同而不同，分为增生性和渗出性结核两种，有时两种病灶同时混合存在。当机体抵抗力强时，对结核的反应常以细胞增生为主，形成增生性结合结节。结节中心常因坏死而失去原有的组织结构，有时并有钙化现象。周围多是类上皮细胞，其中夹杂巨细胞，构成特异性肉芽肿。外周是一层密集的淋巴细胞和成纤维细胞，从而形成非的异性的肉芽组织。当机体抵抗力弱时，机体的反应则以渗出性炎为主。渗出性结核结节不同于增生性结节，由纤维素组织所组成，但又不同于一般纤维素性炎，结核渗出物内有大量的淋巴细胞，同时有少量嗜中性粒血细胞。这种渗出物浸润组织一样发生干酪样坏死，这是渗出性结核的特征现象。与增生性结核结节不同的是，渗出性结核干酪样坏死，保存有一般组织结构，而增生性结核病灶中，器官原有组织轮廓被破坏。

临床初诊：当鹿只出现不明原因的渐进性消瘦、咳嗽、呼吸异常、慢性乳腺炎、顽固性下痢、体表淋巴结慢性肿胀等症状时，可怀疑本病。通过病理解剖的特异性结核病变，可作出初步诊断。

镜检：取患病器官的结核结节及病变与病变交界处组织直接涂片，用抗酸染色法染色，如发现红色成簇杆菌时，可作初步诊断。由于抗酸染色中呈现红色的还有其他非致病耐酸菌，因此必须经分离培养或动物试验等才能确诊。

分离培养：将病料中加入 6% 硫酸或 4% 氢氧化钠溶液处理15 分钟后，经中和、离心，取少许沉淀物接种于培养基斜面，封严管口，37℃培养 8 周，每周观察一次，培养阳性时，需进行特异性和生化特性鉴定。

动物试验：将病料接种于豚鼠皮下，6~8 周后处死剖检观察病变。

变态反应诊断：此法可用作大群检疫，用结核菌素进行皮内注射或点眼。但此法特异性只在 60%~70%，且鹿只不易保定，所以需结合其他诊断方法进行综合判定。

此外，还有 ELISA、IFN - γ 诊断，以及 PCR 和核酸探针等分子生物学检测方法。

防治措施：严格检疫措施，防止引入带菌鹿只。严格控制水源和饲料，不得从疫区引进饲料及动物产品。净化污染群，淘汰病鹿，不提倡治疗。培育健康鹿群，提高其抗病能力。定期消毒，消灭环境中的病原体。对健康鹿群和新生仔鹿注射卡介苗免疫接种。患有开放性结核病的病人不能从事养鹿工作。

（六）破伤风

破伤风又称强直症、锁口疯，是由破伤风梭菌经伤口感染后产生外毒素，侵害神经组织所引起的一种急性中毒性人畜共患病。主要特征为全身骨骼肌持续性或阵发性痉挛，以及对外界刺激反射增高。

病原学：破伤风梭菌为两端钝圆、细长、正直或稍弯曲的杆菌，多单个存在，间或有短链，周身有鞭毛，能运动，无荚膜，芽孢呈圆形，位于菌体一端呈鼓槌状。幼龄培养物革兰氏染色阳性，老龄培养物则呈阴性。破伤风梭菌是严格的厌氧菌，在普通琼脂培养基上可形成扁平、灰白、半透明、表面昏暗、边缘有羽毛状细丝的不规则菌落，如培养基湿润可融合成片。肉汤中略浑浊，后经沉淀而澄清。明胶穿刺培养先沿着穿刺线穗状生长，然后由穿刺轴以直角伸出棉花状细丝深入培养基中，继而液化使培养基变黑，产生气泡。破伤风梭菌可产生破伤风痉挛毒素、溶解毒素以及外痉挛毒素。破伤风痉挛毒素属神经毒素，毒性极强，仅次于肉毒毒素，能引起破伤风特异症状并刺激产生保护性抗原；溶血素可引起局部组织坏死；非痉挛毒素对神经末梢有麻痹作用。破伤风梭菌对一般理化因素抵抗力不强，煮沸5分钟即可死亡，一般消毒药在短时间内都能将其杀死。但芽孢体抵抗力极强，在土壤中可存活几十年，耐煮沸1~3小时，高压蒸汽20分钟才能将其杀死。

流行病学：破伤风梭菌广泛存在于自然界中，特别是混有粪便的土壤中，通过各种创伤感染，尤其是能造成厌氧微环境的创伤，各种动物均易感。鹿常发生外伤，所以极易感染本病。本并无明显的季节性，但环境差、雨季、潮湿等情况下多发生。

发病机理：破伤风梭菌侵入机体后，在浅表伤口不能生长。其感染的重要条件是伤口需形成厌氧的微环境。破伤风梭菌无侵袭力，仅在局部反繁殖，但其产生的破伤风毒素可随血液循环系统进入到神经系统后可作用于中枢神经系统，导致神经兴奋性异常增高，引起骨骼肌痉挛；还可抑制神经递质释放，阻断其与肌肉的联系，导致呼吸功能紊乱，进而发生循环障碍和血液动力学紊乱，出现脱水、酸中毒，最终导致死亡。

临床症状：破伤风一般潜伏期 1~2 周。病鹿感染后首先出现颈部肌肉强直，以致采食困难，活动谨慎缓慢。随着病情加重，四肢也出现强直，张开站立。颜面肌肉逐渐紧缩，最后以致牙关咬紧。全身或局部不时作阵发性收缩，受刺激时痉挛收缩症状明显加重。病程一周左右，如不及时治疗则大部分已死亡转归。

病理变化：破伤风的病理变化不明显，一般死后短时间体温上升，尸僵明显。黏膜、浆膜、脊髓等处可见小出血点。骨骼肌变性、肌间结缔组织水肿等。

镜检：采取创伤组织或渗出液加热至 80℃ 去除杂菌后接种到葡萄糖琼脂平板，37℃ 培养 36 小时，可见半透明、边缘不整齐菌落。取菌涂片镜检可见革兰式阳性鼓槌状芽孢杆菌。

动物实验：将病料制成乳剂注射于小鼠皮下，一般 2~3 天后出现症状，弓腰、尾直、全身肌肉痉挛等。

防治措施：破伤风的感染性和抵抗力极强，且动物机体免疫系统对真菌感染作用不大，因此防治本病主要依靠清洁环境，定期消毒，阻断传播途径以及消灭传染源。坚持自繁自养，引种时严格检疫并隔离观察。对病畜进行及时的隔离淘汰，并对所处环境进行消毒。发现鹿只创伤应及时处理伤口，以防止感染本病。

（七）沙门氏菌病

沙门氏菌病又称副伤寒，是由沙门氏菌引起的人畜共患传染病。该病主要侵害幼龄和青年动物，鹿患该病的特征为败血症和胃肠炎，孕鹿以流产为主要特征。世界卫生组织将其归类为 B 类疫病。

病原学：沙门氏菌是一类条件性胞内寄生的革兰氏阴性肠杆菌，菌体两端钝圆、中等大小、无荚膜、无芽孢，除鸡白痢沙门氏菌和鸡伤寒沙门氏菌外，都有鞭毛，能运动。在普通培养基上形成圆形光滑、无色透明、中等大小菌落。能分解葡萄糖、麦芽糖、甘露醇和山梨醇并产生酸气，不分解乳糖，也不产生靛基质。沙门氏菌对腐败、干燥、日照等因素具有一定的抵抗力，自然环境中可生存数周或数月，水中能存活 2~3 周，粪便中能存活 1~2 个月，肉品腌制不能将其杀死。对热抵抗力不强，60℃下 15 分钟即可将其杀死。对化学消毒剂抵抗力不强，常用消毒剂都能将其杀死。大部分菌株对庆大霉素、喹诺酮类药物敏感。沙门氏菌属细菌主要由 O 和 H 两种抗原。具有一定侵袭力，细菌死亡后释放毒力强大的内毒素，可引起宿主体温升高，白细胞数下降，大剂量时导致中毒和休克。

流行病学：病鹿和带菌动物是该病的主要传染源，患病动物的排泄物、分泌物、流产胎儿、胎衣、羊水等都带有大量沙门氏菌，排出的病原菌可污染环境、水和饲料并在其中存活较长时间。沙门氏菌可通过消化道和呼吸道传播，交配也可传播本病，当鹿抵抗力下降时，也可发生内源性感染。本病没有明显的季节性，卫生条件、气候、密度、运输、分娩等都可促使本病的发生。

临床症状：仔鹿常呈急性经过，成年鹿一般急性或亚急性经过。急性突然发病、高热、精神沉郁、喜躺卧、食欲废绝，不久后便表现毒血症症状，下痢，粪便成水样，恶臭，有时带血。妊娠母鹿流产或产弱羔。仔鹿发病时迅速出现衰竭等症状，病初体温升高，排灰黄色液状粪便，并带有血丝，恶臭。慢性病例症状不明显，主要消化机能紊乱，食欲不同程度减退，下痢。

病理变化：鹿表现急性、黏液性、坏死性、出血性肠炎和严重的皱胃炎变化。回肠和大肠可见肠壁增厚，肠黏膜发红呈颗粒状，表面有灰黄色坏死物，肠系膜淋巴结增大，脾肿大。流产胎儿、胎盘一般比较新鲜，胎儿皮下水肿，胸、腹腔有大量积液，内脏浆膜纤维素性渗出，心外膜和肺出血。

诊断：根据流行病学和临床症状以及病理变化综合分析，可作初步诊断，确诊需进行实验室诊断。

镜检：采取内脏病变部分和血液涂片，革兰氏染色后可见多量革兰氏阴性小杆菌。

细菌分离鉴定：将病料涂抹于 SS 琼脂或麦康凯琼脂、伊红美蓝琼脂，37℃培养 24 小时，挑取可疑菌落斜面画线后穿刺接种于三糖铁琼脂培养基，如出现上红下黄有黑色，且可能有产气，可做进一步鉴定。

防治措施：清洁饲养环境，消除诱发因素，对圈舍、器具定期消毒。定期检疫和疫苗接种，发现病鹿及时隔离，清除传染源，对病死鹿深埋或焚烧，严格消毒。病鹿可用土霉素和金霉素口服，每千克体重 5～15 毫克，每日 2～3 次，3～5 日后药量减半，持续治疗一周。庆大霉素、喹诺酮等磺胺类药物也可用于治疗本病。

（八）炭疽

炭疽是由炭疽杆芽孢菌引起的一种急性、烈性、热性、败血性人畜共患传染病。炭疽病感染后潜伏期短、病情急、死亡率高，是一种高度致命性传染病。患炭疽病鹿最常见的临床表现是败血症，发病突然，高热，可视黏膜发绀，口流黄水或泡沫，血液凝固不良呈煤焦油样，尸体极易腐败。世界卫生组织将其归类为 B 类传染病，我国列为二类传染病。

病原学：炭疽芽孢杆菌属革兰氏阳性菌，在一般动物组织内常散在或 2~5 个形成短链。炭疽芽孢杆菌在动给体内菌体周围有荚膜，这是本菌的重要特征，其他种类的芽孢杆菌一般不形成荚膜。腐败组织中往往不见菌体，只见荚膜的阴影轮廓。患病动物的体内菌体通常不形成芽孢，当炭疽芽孢杆菌或其病料暴露于空气时，在 12~42℃ 条件下遇到自由氧则形成具有很强抵抗力的芽孢。芽孢呈卵圆形位于菌体中央，对高温、化学药品、干燥等条件均有很强的耐受能力，在适宜的环境中能维持"繁殖体—芽孢—繁殖体"的循环，炭疽芽胞的污染一旦形成很难清除，将其放置在干燥的土壤中 60 年后仍能够发芽和致死动物。

炭疽芽孢杆菌为兼性需氧菌，生长条件不严格，pH 值 6~8，14~44℃ 均可生长，最适宜生长温度为 30~37℃，最适宜 pH 值为 7.2~7.6。营养要求不高，在琼脂平板上生长旺盛，菌落扁平、灰白色、不透明、干燥、边缘不齐，低倍镜检时边缘呈弯曲的卷发状，菌落较大。在血琼脂培养基中不溶血。炭疽芽孢杆菌的繁殖体对外界理化因素抵抗力不强，在为解剖的尸体内 1~4 天即可死亡，煮沸立即死亡，一般的消毒药都可杀灭。一旦炭疽芽孢杆菌形成芽孢，抵抗力则会变得很强，150℃ 干热一小时才能将其杀死，煮沸 15 分钟尚不能杀死全部芽孢，高压蒸汽 121℃ 下 10 分钟可全部杀死。炭疽芽孢杆菌对青霉素、四环素以及磺胺类药物敏感。

流行病学：除鹿外，多种动物都对炭疽芽孢杆菌易感，草食动物最易感，其次是肉食动物，人也易感。本病的主要传染源是患病动物，特别是临死前以及新鲜的尸体。患病动物的排泄物、分泌物以及尸体中的病原体一旦形成芽孢，污染周边环境后在土壤内长期保存，则形成长久的疫源地。疫源地难以根除，所以很多国家和地区仍有该病流行。本病的主要感染途径是消化道，常因采食被污染的饲料、饲草、饮水或含有病原体的肉类等被感染。破损的皮肤、黏膜以及公鹿锯茸之后伤口都可引起感染。本病没有明显的季节性，但在多雨、洪水泛滥以及吸血昆虫活动频繁时较多见。也有在疫区引入的动物产品后诱发本病的。

发病机理：当炭疽芽孢侵入机体后，可在局部组织中发育繁殖，然后经巨噬细胞吞噬并转运到淋巴系统，再突破淋巴屏障进入血液继续繁殖，造成菌血症。发芽后的炭疽芽孢杆菌可在体内产生荚膜，荚膜可抑制巨噬细胞对其的吞噬作用，使菌体不受宿主细胞的吞噬以及溶菌酶的溶解，逃离宿主的免疫防御，而后迅速繁殖。炭疽芽孢杆菌进入血液后，分泌水肿因子、保护性抗原、致死因子。保护性抗原具有抗吞噬细胞吞噬作用，可使水肿因子和致死因子被转运到细胞内；水肿因子增加血管壁通透性，导致血浆渗出，从而引起局部组织器官充血、出血，导致败血症；致死因子阻止趋化因子和细胞因子的释放，并作用于中枢神经系统。这些因子互相结合可损伤或杀死宿主的白细胞、抑制补体活性，激活凝血酶而导致弥漫性血管内凝血，最终宿主出现水肿、休克、以及死亡。

临床症状：炭疽的潜伏期一般为 1~5 天，最长为 14 天，根据其病程长短可分为最急性型、急性型和亚急性型。最急性型常见于本病流行初期，死前不显任何临床症状，突然倒地挣扎，呼吸急促，全身痉挛，瞳孔散大，口流黄水，数分钟内死亡。急性型病程 1~2 天，较常见。病鹿体温迅速上升至 40~41℃，鼻镜干燥，精神萎靡，食欲废绝，呼吸频率加快，肌肉震颤，有的病例可见瘤胃膨胀。6~12 小时后卧地不起，四肢摆动，呼吸困难、可视黏膜发绀，排血尿或血便，口流黄水或泡沫，角弓反张，痉挛而死，濒死期体温急速下降。

亚急性型常见于本病流行的中后期，病程 2~3 天，最长可达 10 多天。病鹿精神沉郁，食欲初期减退，后废绝，反刍停止，体温升高，腹痛，腹泻，排血便，有时排出管状肠黏膜，粪便腥臭，有的排血尿，个别病例在茸根、头面部、颌下或颈前部发生水肿。

病理变化：一般尸僵形成良好，尸体腹胀明显，天然孔一般无变化，口、鼻腔内蓄有或流出泡沫样液体，有时会有黑色血液流出，黏膜发绀并有出血点。血液凝固不良，呈煤焦油样。皮下组织大多无明显变化。全身淋巴结呈黑褐色，切面湿润多汁并有出血点。胸、腹膜均有弥漫性出血，出血点大小不一。鹿患炭疽时脾脏高度肿大，与其他动物不同。肠有出血性肠炎症状，肠腔内充满血液，呈血肠样，有的局部水肿。膀胱黏膜有出血点。

诊断：有怀疑炭疽死亡的病鹿不得剖检，以防止炭疽杆菌遇空气形成芽孢，应采取细菌血液进行实验室诊断。

镜检：采取濒死或死亡不久的血液样本或误剖检的病鹿组织制成涂片进行瑞氏染色，镜检时若见具有红色荚膜、菌端平直呈砖形或稍凹陷的粗大杆菌，结合临床表现，即可诊断为炭疽。

分离培养：将病料分别无菌接种于肉汤、普通琼脂平板和血琼脂平板上，37℃培养 24 小时后观察。肉汤上清液清澈透明，液面无菌膜，底部可见白色絮状物；普通琼脂平板可见边缘粗糙，不透明的灰白色大菌落；血琼脂平板可见不溶血、圆形、整齐、表面光滑而黏稠的菌落，镜检可见与直接镜检形态相同的革兰氏阳性杆菌。

动物培养：取病料制成乳剂，腹腔注射 0.1 毫升于小鼠，注射后 18~24 小时小鼠死亡，呈败血症。剖检可见皮下结缔组织胶样浸润，肝、脾肿大，镜检可见与上述形态相同的杆菌。

环状沉淀反应：取病变组织研细后加入 5~10 倍生理盐水稀释，试管内煮沸 30~40 分钟后滤纸过滤，滤液即待检沉淀原液。重叠法操作。用毛细管吸取沉淀素血清加入反应管内，用另一只毛细管吸取待检沉淀原液，沿管壁缓慢加入沉淀素血清之上，静置数分钟后，在接触面出现一层清晰的白色沉淀环，即可判定为阳性。

荧光抗体快速诊断：病料涂片、干燥固定后用炭疽荚膜荧光抗体染色，荧光显微镜观察可见炭疽菌体高度膨大，荚膜呈明亮的黄绿色荧光。

防治措施：炭疽疫源地一旦形成难以根除，故对炭疽疫区进行封锁，对病鹿和可疑病鹿进行隔离治疗，对假定健鹿进行疫苗接种，全群预防性用磺胺类药 3 天，对有价值的已患病鹿种可用抗炭疽血清进行特异性治疗。病死鹿只不得解剖，尸体焚烧或深埋。对环境及用具进行彻底消毒，污染物一律烧毁，地面用 20% 漂白粉或 10% 氢氧化钠溶液喷洒 3 次，每次间隔 1 小时。当最后一头病鹿死亡或病愈后，再经过半个月，到疫苗接种反应结束时再不出现病鹿或死亡时，则可解除封锁，解除封锁后再进行一次环境彻底消毒。

二、传染性疾病防控

（一）病毒性腹泻—黏膜病

病毒性腹泻—黏膜病是由牛病毒性腹泻/黏膜病病毒引起鹿的一种急性、热性传染病。临床表现主要为腹泻，黏膜发炎、糜烂、坏死，发热，白细胞减少，流产、死胎或畸形胎。世界卫生组织将其归类为 B 类传染病，我国列为三类传染病。

病原学：病毒性腹泻—黏膜病的病原是病毒性腹泻病毒，又名黏膜病病毒，属于黄病毒科、瘟病毒属，是一种单股 RNA 有囊膜的病毒，与猪瘟病毒、边界病毒含有共同的可溶性抗原。牛病毒性腹泻病毒可在胎牛肾细胞、牛鼻甲骨细胞细胞以及牛皮肤、肌肉、睾丸等细胞中生长繁殖。牛病毒性腹泻病毒对外界因素的抵抗力不强。不耐热，56℃ 很快被灭活，低温下稳定，冻干后 -70℃ 条件可保持多年。对氯仿、乙醚敏感。

流行病学：患病动物为主要传染源，可通过直接或间接接触的传播方式传染，主要通过消化道和呼吸道。患病动物的分泌物、排泄物、血液和脾组织中均含有病毒，动物感染后形成病毒血症。鹿、牛、羊等均可感染病毒性腹泻—黏膜病，病情发生通常无季节性，于秋末冬初或冬末春初多发生。一般新疫区急性病例多，发病率和死亡率较高，老疫区发病率和死亡率较低，但隐性感染在50%以上。

发病机理：被感染的鹿通过口腔和鼻腔的分泌物以及粪便和尿液向周围环境散播病毒，当病毒通过消化道和呼吸道侵入机体后，在消化道和呼吸道上皮细胞内增殖，再侵入血液形成病毒血症，而后侵入淋巴组织。牛病毒性腹泻病毒可直接导致鹿死亡，但在绝大多数情况下，是由其抑制了鹿的免疫机制，从而造成了病毒血症期间条件性病原的并发感染。急性感染后临床症状一般是温和型的，以低烧、腹泻和白细胞减少为主要症状。牛病毒性腹泻病毒可通过胎盘导致胎儿感染，从而造成流产、死胎或畸形胎。

临床症状：急性型鹿只通常突然发病，厌食，咳嗽，浆液性和黏液性鼻漏，流涎，体温升高，白细胞减少。腹泻为特征性症状，持续3~4周甚至数月，粪便呈水样，恶臭，混有大量黏液和气泡。病鹿渐进性消瘦，体重减轻。急性病例仔鹿多发。慢性型鹿只症状不明显，体温无明显变化，消瘦，被毛粗乱，步履蹒跚，间歇性腹泻。病程2~6个月，多数以死亡转归。

病理变化：病毒性腹泻—黏膜病主要病变部位常见于消化道和淋巴组织。口腔黏膜、消化道黏膜充血、出血、水肿、糜烂和溃疡。口腔和咽部黏膜形成浅表烂斑。瘤胃偶见出血和糜烂，真胃黏膜性水肿和糜烂。小肠卡他性炎症，肠道各部分有出血和充血。集合淋巴结和整个消化道淋巴结水肿。

诊断：可根据病史、临床症状以及病理变化进行初诊，确诊必须经过实验室诊断。

病毒鉴定：采取鼻液或眼分泌物、血液、粪便、脾、骨髓、肠系膜淋巴结等，处理后接种于胎牛肾、脾睾丸和气管等细胞培养物中，盲传 3 代后用荧光抗体检测法检测病毒。

除此之外，病毒分离技术、中和试验、免疫琼脂扩散试验、ELISA、免疫荧光试验、补体结合反应、RT-PCR 等方法都可用于诊断。

防治措施：本病尚无有效的治疗药物，对症治疗和加强护理可减轻症状。引种时必须严格检疫，确定健康方可入场，定期检疫和消毒。一旦发现病鹿，立即隔离治疗或淘汰。对无病鹿群进行疫苗接种。

（二）口蹄疫

口蹄疫是由口蹄疫病毒引起的一种急性、烈性、高度接触性传染病，主要感染偶蹄目动物，人和非偶蹄动物也可感染本病，但症状较轻。病鹿的口腔黏膜、蹄部、乳房以及皮肤其他无毛处发生水泡和溃烂。口蹄疫传播速度快、流行范围广，世界卫生组织将其归类为 A 类传染病，我国列为一类传染病。

病原学：口蹄疫病毒属微核糖核酸科，口蹄疫病毒属。有 A、O、C、Asia Ⅰ、SAT Ⅰ、SAT Ⅱ、SAT Ⅲ等 7 个不同的血清型和 80 多个不同的亚型。血清型间几乎无交叉免疫力，且单独血清型的病毒都可引起本病的暴发。口蹄疫病毒为已知动物 RNA 病毒中最小病毒，病毒直径颗粒仅 20 ~ 25 纳米，无包膜。病毒粒子呈球形，为正二十面体衣壳结构。内部 RNA 呈单股线状，决定其感染性和遗传性；外部为蛋白质，决定其抗原性、免疫性和血清学反应能力。口蹄疫病毒对外界的抵抗力较强，自然情况下，含病毒的组织以及污染的饲料、饮水、皮毛、用具和土壤中可在数月内保持传染性。在低温和有蛋白质保护的条件下可长期存活。水疱中的口蹄疫病毒，在50%甘油生理盐水中5℃可存活一年以上，-70℃至-30℃可存活12年。高温和阳光对口蹄疫病毒有杀灭作用，阳光直射60分钟死亡，70℃30分钟或煮沸3分钟即可将其杀死。对酸碱均很敏感，2%氢氧化钠、2%甲醛、0.5%过氧乙酸、4%碳酸钠等都可短时间内将其杀死。食盐、酚、酒精、氯仿等对口蹄疫病毒无效。

流行病学：口蹄疫可感染的动物种类较多，但以偶蹄动物最易感，人也有易感性。患病动物可长期的带毒和排毒，为主要传染源，其水疱皮、水疱液、唾液、粪便、乳汁、呼出的空气以及精液都含有大量致病力很强的病毒。被污染的水源、饲料、用具以及饲养人员的衣物都可传播本病。空气也是重要的传播媒介，病毒可随风传播到50~100千米外，甚至远距离跳跃式传播。

口蹄疫在发病初期传染性最强，主要是直接接触传播。急性发作的鹿在临床症状表现期排毒最多，潜伏期的鹿在未发生水疱之前即可排毒。病愈鹿在一定时间内仍可携带病毒。最常见的感染门户是消化道和呼吸道，也可经损伤的皮肤和黏膜感染。口蹄疫没有明显的季节性，光照时间、气候、温度等自然条件和交通情况以及饲养管理等都可影响本病发生。

发病机理：口蹄疫病毒侵入鹿机体后，首先在侵入部位的上皮细胞生长繁殖，从而引起浆液性渗出造成原发性水泡。当机体抵抗力不足时，病毒则由水疱进入血液形成病毒血症，从而引起鹿体温升高、食欲减退、脉搏增数等症状。病毒随血液进入到口腔黏膜、蹄部、乳房皮肤组织等部位的上皮细胞继续繁殖，形成继发性水疱，水疱破裂后形成糜烂和溃疡病灶。口腔病变可导致鹿只流涎、采食困难；蹄部病变可造成跛行，严重者蹄匣脱落。幼鹿可造成心肌变性或坏死，引起急性心肌炎而死亡。

临床症状：鹿患口蹄疫通常发病突然，体温升高，精神萎靡，食欲不振，哺乳母鹿泌乳减少。发病初期在口唇、舌面、齿龈、软腭、颊部黏膜及蹄冠、蹄踵和趾间的皮肤出现大小不等的水疱，随后增大融合成片。1～2天后水疱破裂流出液体后，露出明显的红色糜烂病灶，此时若继发细菌感染可造成病鹿无法采食。病鹿四肢皮肤、蹄叉、蹄尖出现糜烂，严重者蹄壳脱落，跛行，甚至不能行走，站立困难。怀孕母鹿大多流产或弱仔。仔鹿感染水疱不明显，主要表现为出血性肠炎和心肌麻痹，死亡率高。

病理变化：病鹿口腔、呼吸道、蹄部等处出现水疱、烂斑和溃疡。瘤胃有单个坏死性溃疡，仔鹿常瘤胃穿孔。真胃和肠黏膜可见出血性炎症以及溃疡病灶。心包有弥漫性点状出血，心脏出现"虎斑心"样变化，肝、肾也呈同样变化。病理组织学检查可见皮肤的棘细胞肿大呈球形，间桥明显，棘细胞渗出甚至溶解。心肌细胞变性、坏死、溶解。

诊断：口蹄疫可根据临床症状进行初诊，确诊必须经过实验室诊断。

动物接种试验：无菌采取病鹿水疱液至少1毫升，加入适量抗生素后加盖密封。选取健康豚鼠两组，划破趾部皮肤后一组接种病鹿水疱液，另一组接种生理盐水。数小时后接种病鹿水疱液试验组在接种部位陆续出现水疱，对照组无异常变化。

除此之外，病毒分离技术、补体结合实验、凝集试验、ELISA、核酸探针、PCR等方法都可用于检测口蹄疫病毒。

防治措施：对于未发生过疫情的地区，引种时必须严格检疫，确定健康方可入场。严格控制水源和饲料，不得从疫区引进饲料及动物产品。每年接种疫苗1～2次，定期检疫和消毒。

如果在鹿群中发现患有口蹄疫鹿只，及时上报疫情，确定疫点、疫区和受威胁区并进行封锁，禁止人畜以及物品流动。将其所在饲养群捕杀处理，对污染区进行彻底消毒。当最后一头病鹿死亡后，3个月内未出现新病例时，则可上报解除封锁。

（三）狂犬病

狂犬病又称恐水病，是由狂犬病毒引起的人畜共患直接接触性传染病。临床表现为患病动物神经极度兴奋、狂躁、意识障碍、恐惧不安、怕风恐水、流涎、和咽肌痉挛，最后常因严重的脑脊髓炎，全身麻痹而死亡。狂犬病是动物和人类最古老的疾病之一，呈世界性分布。世界卫生组织将其归类为 B 类传染病，我国列为二类传染病。

病原学：狂犬病毒属于弹状病毒科狂犬病毒属，是有包膜的单链（负链）RNA 病毒。病毒呈子弹状或试管状，中心是由单链正 RNA 和和蛋白构成的芯髓，外面有螺旋对称的衣壳，最外层为囊膜。狂犬病毒可在鸡胚的绒毛尿囊膜内增殖，也可在小鼠、大鼠、家兔等脑组织上生长。

狂犬病毒对外界理化因素的抵抗力不强，不耐湿热，50℃下15 分钟或 100℃下 2 分钟即可将其灭活。反复冻融，紫外线或阳光照射都可将其灭活。过氧化氢、高锰酸钾、新洁尔灭、来苏尔、丙酮、乙醚、70% 乙醇、0.1 升汞、5% 福尔马林都可将其灭活。低温可长期存活，50% 甘油缓冲液中可在低温下存活数年至数月。

流行病学：狂犬病毒的宿主广泛，人和所有温血动物，包括鸟类都能感染。主要存在于患病动物的中枢神经组织，唾液腺和唾液中，脏器、血液和乳汁中也有少量存在。患病动物和带毒者都是本病的传染源。被患病动物抓伤、咬伤、易感动物伤口、黏膜被舔舐等都可传播本病。本病无明显季节性、冬末春初发生较多。常呈散发流行，不同年龄、性别的鹿只均易感。

发病机理：患病动物体内的狂犬病毒经伤口进入鹿只皮下组织，在伤口肌细胞内少量增殖，然后侵入附近末梢神经，沿神经纤维侵入神经中枢。

临床症状：突然发病，患鹿精神异常，尖声嘶叫，沉郁，两后肢有些强拘，步样不稳，呈现蹒跚，后躯强硬，呈现不完全性麻痹。一般多见狂暴、沉郁、后躯麻痹混合发生。鼻镜湿润，体温初期升高，后转为正常或下降，食欲减退或废绝，反刍停止，饮水减少，耳下垂，头擦围墙或障碍物，擦破头皮，皮肤脱毛出血，根据观察，大致可分为3种类型。

兴奋型突然发病，离群尖叫不安，啃咬自己或其他鹿，顶撞围墙或其他鹿，严重者可将头部毛撞掉，皮内渗血，对人有攻击行为。有的鹿鼻镜干燥，流涎，结膜潮红。体温初期升高 1~2.5℃，后期下降。偶见前肢刨地、舔肛门及乳房。便秘、下痢交替，里急后重，走路蹒跚，进而后躯呈不完全麻痹，伫立时四肢叉开。最后倒地，头颈后背。病程3~5天。

沉郁型患鹿精神不振，呆立，拒食，头震颤，磨牙空嚼，耳下垂，后躯无力。下痢，回视腹部，行走蹒跚，流涎，卧地不起，5~7天死亡。

麻痹型患鹿减食或拒食，后躯无力，走路摇晃，或呈母畜排尿或站立姿势。强行驱赶时，则见后肢拖地行走。死期较长。

病理变化：尸僵完整，营养良好。口角有黏液，角膜高度充血，有的肛门周围被污染，皮下血管充盈。肝肿浊，小叶间结缔组织增宽，有钱币大坏死灶，切面轻度外翻，血流量较多，质脆。脾轻度萎缩。真胃幽门部位黏膜有新旧不同的出血性溃疡。十二指肠内容物呈小豆粥样，空回肠黏膜呈卡他性变化，或局段性出血，严重的呈红色腊肠样，直肠内宿便恶臭，肠系膜充血，淋巴结肿大。硬脑膜下血管出血，脉络丛血管充盈，皮质有小出血点。小脑、延脑、桥脑、四叠体、丘脑均明显充血。

诊断：

临床诊断 鹿狂犬病主要通过消化道感染，大多无咬伤史。依据神经症状和剖检，结合流行病学调查可作初诊。

病原学诊断 取鹿大、小脑以及脊髓等神经系统脏器，在电镜下，可在神经细胞浆内观察到典型的子弹型中等大病毒颗粒。取病鹿脑组织制成10%乳剂接种于小鼠脑内和腹腔，对发病小鼠取病料诊断或继代培养。

生物学实验：取一代鼠脑培养物接种于小鼠、大鼠、家兔等，小鼠6~8日发病，大鼠11~13日，家兔14~17日。发病均以神经症状为主。

防治措施：治疗上尚无有效办法。预防可肌内注射狂犬病疫苗，注射后两周产生免疫力，可预防本病。鹿舍需要经常性彻底消毒，患病鹿严格隔离，及时捕杀。

附录1 日常饲料配方表

附表1 马鹿公鹿生茸期及恢复期和生茸前期日粮组成

[克／（天·只）]

时期	精料	多汁料	青粗料	碳酸氢钙	食盐
生茸期	3.0~4.0	3.0~4.0	5.0~6.0	40.0	30.0
生茸前期、恢复期	1.5~2.0	2.0~3.0	3.0~5.0	30.0	35.0

附表2 马鹿母鹿妊娠期、配种期和哺乳期日粮组成

[克／（日·只）]

时期	精料	多汁料	青粗料	碳酸氢钙	食盐
妊娠期	1.5~3.0	2.0	3.0~4.5	40.0	30.0
配种期	1.7~1.8	1.5	3.0	25.0	25.0
哺乳期	1.75~2.0	2.5	8.0~15.0	50.0	35.0

附表3 马鹿公鹿生茸期精料配方

饲料	公鹿年龄				
	1岁	2岁	3岁	4岁	5岁以上
玉米面	29.5	30.5	37.6	54.6	57.6
大豆饼、粕	43.5	48.0	41.5	26.5	25.5
大豆（熟）	16.0	7.0	7.0	5.0	5.0
麸皮	8.0	11.0	10.0	10.0	8.0
食盐	1.5	1.5	1.5	1.5	1.5
磷酸氢钙或骨粉	1.5	2.0	2.4	2.4	2.4
添加剂（克/千克）	400/100	400/100	400/100	400/100	400/100
合计	100	100	100	100	100
营养水平					
粗蛋白质	27.0	26.0	24.0	19.0	18.0
总能	17.68	17.26	17.05	16.72	16.72

附表4 马鹿公鹿配种期精料配方

饲料	配合比例	营养指标	营养水平
玉米面	49.1	粗蛋白（%）	19
豆粕	33.0	总能（兆焦/千克）	15.65
麸皮	12.0	代谢能（兆焦/千克）	10.90
食盐	1.5	钙（%）	0.95
磷酸氢钙或骨粉	2.4	磷（%）	0.65
预混料	2		

附表5 马鹿公鹿越冬期精料配方

饲料	公鹿年龄				
	1岁	2岁	3岁	4岁	5岁以上
玉米面	57.5	52.0	61.0	69.0	74.0
大豆饼、粕	24.0	27.0	22.0	15.0	13.0
大豆（熟）	5.0	5.0	4.0	2.0	2.0
麸皮	10.0	10.0	10.0	11.0	8.0
食盐	1.5	1.5	1.5	1.5	1.5
磷酸氢钙或骨粉	2.0	1.5	1.5	1.5	1.5
添加剂（克/千克）	400/100	400/100	400/100	400/100	400/100
合计	100	100	100	100	100
营养水平					
粗蛋白质	18.0	17.9	17.0	14.5	13.51
总能	16.3	16.72	16.72	16.26	15.97

附表 6　马鹿母鹿配种期、妊娠期精料配方

饲料名称	配种期		妊娠期		
	前期 8月25日至 9月30日	后期 10月1日至 10月30日	前期 12月1日至 翌年1月31日	中期 2月1日至 3月31日	后期 4月1日至 5月20日
玉米（%）	58.5	61.5	61.5	58.0	53.0
豆饼（%）	28	25.0	20.0	15.0	20.0
大豆（%）			5.0	15.0	15.0
麦麸（%）	10.0	10.0	10.0	8.0	8.0
石粉（%）	1.0	1.0	1.0	1.0	1.0
磷酸氢钙（%）	1.0	1.0	1.0	1.5	1.5
食盐（%）	1.5	1.5	1.5	1.5	1.5
添加剂（克/千克）	400/100	400/100	400/100	600/100	600/100
合计	100.0	100.0	100.0	100.0	100.0
日喂量（千克）	0.9	0.9	1.0	1.0	1.1
营养水平					
粗蛋白质（%）	17.62	16.65	16.42	17.39	19.02
总能（兆焦/千克）	16.01	16.01	16.18	16.55	16.64

附表 7　马鹿母鹿哺乳期精料配方

饲料名称	前期 5月1日至 6月15日	中期 6月16日至 7月15日	后期 7月16日至 8月25日
玉米面（%）	50.0	46.0	42.0
豆饼（%）	32.0	36.0	40.0
麦麸（%）	8.0	8.0	8.0
高粱（%）	6.0	6.0	6.0
石粉（%）	1.0	1.0	1.0
食盐（%）	1.5	1.5	1.5
磷酸氢钙（%）	1.5	1.5	1.5
添加剂（克/千克）	600/100	600/100	600/100
合计	100.0	100.0	100.0

（续表）

饲料名称	前期 5月1日至 6月15日	中期 6月16日至 7月15日	后期 7月16日至 8月25日
日喂量（千克）	1.0	1.1	1.2
营养水平			
粗蛋白质（%）	23.0	24.0	25.5
总能（兆焦/千克）	15.3	15.3	15.3

附表8　离乳幼鹿的精饲料

饲料原料	8月	9月	10月	11月	12月
豆科籽实（千克）	0.15	0.25	0.35	0.35	0.4
禾本科籽实（千克）	0.1	0.1	0.1	0.2	0.2
糠麸类（千克）	0.1	0.1	0.1	0.1	0.1
食盐（克）	5	8	10	10	10
磷酸氢钙（克）	5	8	10	10	10

附表9　育成马鹿的精饲料

马鹿性别	育成公马鹿				育成母马鹿			
季度	1	2	3	4	1	2	3	4
豆科籽实（千克）	0.7~0.8	0.8~0.9	0.9~1.0	1.0~0.7	0.7~0.8	0.8	0.8	0.8~0.7
禾本科籽实（千克）	0.3~0.4	0.4~0.5	0.5	0.5~0.3	0.3	0.3~0.4	0.4	0.4
糠麸类（千克）	0.6	0.6	0.6	0.6	0.5	0.5~0.6	0.6	0.6
酒糟类（千克）	0.5	0.5~0.6	—	0.5~1.0	0.5	0.5~0.6	—	0.5~1.0
食盐（克）	15	20	20	25	15	20	20	25
磷酸氢钙（克）	15	15	20	25	15	15	20	25

附录 2 常见疾病及多发时期

常见疾病	多发时期	典型临床特征
巴氏杆菌病	无明显季节性，但冷热交替、气候剧变、闷热、潮湿、多雨等情况下较多发	咳嗽，鼻镜干燥，体温升高。严重时呼吸极度困难，粪便稀薄
布鲁氏菌病	无明显季节性	母鹿流产、胎盘滞留、胎衣病变、乳腺炎、不孕；公鹿关节炎和睾丸炎
大肠杆菌病	无明显季节性	腹泻、便血
坏死杆菌病	无明显季节性	腐蹄病，病初跛行，喜卧，重者全身症状
结核病	无明显季节性	病鹿渐进性消瘦，食欲减退或反复无常，被毛无光泽，换毛迟缓，精神沉郁，运动迟缓，贫血
破伤风	无明显季节性	颈部肌肉强直，四肢强直，张开站立
沙门氏菌病	无明显季节性	高热、精神沉郁、喜躺卧、食欲废绝、下痢，粪便成水样，恶臭，有时带血
炭疽	无明显季节性	鼻镜干燥，精神萎靡，食欲废绝，呼吸频率加快，肌肉震颤
病毒性腹泻—黏膜病	无明显季节性	厌食，咳嗽，浆液性和黏液性鼻漏，流涎，体温升高，白细胞减少
口蹄疫	无明显季节性	口唇、舌面、齿龈、软腭、颊部黏膜及蹄冠、蹄踵和趾间的皮肤出现大小不等的水疱
狂犬病	无明显季节性，冬末春初发病较多	狂暴、沉郁、后躯麻痹

附录3 常用兽药及添加剂禁忌

1 抗菌消炎类药物

青霉素钠（钾）	肌内注射	每日400万~800万国际单位，分2次给药	广谱抗菌药，主要对革兰氏阳性菌有强大的抑制作用
链霉素	肌内注射	每日200万单位	广谱抗菌药，主要作用于革兰氏阴性菌
硫酸庆大霉素	肌内注射	1~1.7毫克/千克	广谱抗菌药，对多种革兰阴性菌及阳性菌都具有抑菌和杀菌作用

2 解热镇痛类药物

安痛定	肌内注射	每次5毫升	解痛镇热，用于感冒体温上升

3 强心抗过敏类药物

尼可刹米	肌内注射	0.5~1.0克	强心剂，增强心脏功能。用于心脏衰弱
肾上腺素	肌内注射	1.0~2.0毫克	适用于休克、心力衰竭

4 麻醉类药物

鹿眠宝3号	肌内注射	2~5毫升	麻醉保定
鹿醒宝3号	肌内注射	2~5毫升	解除麻醉，苏醒

5 驱虫类药物

伊维菌素	肌内注射	0.2毫克/千克	对线虫和节肢动物有良好的驱杀作用

6 消毒类药物

氢氧化钠	喷洒	3%~5%溶液	地面、粪便、笼具消毒
漂白粉	喷洒	10%~20%溶液	对水、粪便、房舍消毒
高锰酸钾	喷洒	0.5%~1%溶液	对地面食具、饲料、房舍、创伤消毒

参考文献

[1] 卫功庆，孙飞舟. 养鹿手册 [M]. 北京：中国农业大学出版社，2003.

[2] 杜锐，魏吉祥. 中国养鹿与疾病防治 [M]. 北京：中国农业出版社，2010.

[3] 赵世臻，沈广. 中国养鹿大成 [M]. 北京：中国农业出版社，1998.

[4] 曾申明，朱士恩. 鹿的养殖·疾病防治·产品加工 [M]. 北京：中国农业出版社，1999.

[5] 赵世臻，沈广. 中国养鹿大成 [M]. 北京：中国农业出版社出版，1998.

[6] 曾申明，朱士恩. 鹿的养殖·疾病防治·产品加工 [M]. 北京：中国农业出版社出版，1999.

[7] 江苏新医学院编. 中药大辞典（下册）[M]. 上海：上海人民出版社，1977.

[8] 高元泰，陈玉良，等. 全国基层医院中药鉴别和临床用药 [M]. 北京：中国中医药出版社，1998.

[9] 赵世臻.实用养鹿法 [M]. 北京：中国农业出版社，1999.

[10] 马兴树. 鹿 [M]. 北京：中国中医药出版社，2001.

[11] 赵裕芳. 茸鹿高产关键技术 [M]. 北京：中国农业出版社，2013.

[12] 程世鹏，单慧. 特种经济动物常用数据手册 [M]. 沈阳：辽宁科学技术出版社，2000.